ÉLÉMENTS
DE
GÉOMÉTRIE

A L'USAGE DES

CANDIDATS AU COMMANDEMENT DES NAVIRES

DU COMMERCE

PAR DEUX ANCIENS PROFESSEURS

DE LA MARINE MILITAIRE ET DE LA MARINE DU COMMERCE.

NOUVELLE ÉDITION.

PARIS

ROBIQUET, QUAI DES ORFÈVRES, 6.

DANS LES PORTS

CHEZ LES PRINCIPAUX LIBRAIRES.

1864

ÉLÉMENTS

DE

GÉOMÉTRIE

Vannes. — Imprimerie Gustave De Lamarzelle.

ÉLÉMENTS

DE

GÉOMÉTRIE

A L'USAGE

DES CANDIDATS AU COMMANDEMENT DES NAVIRES

DU COMMERCE

PAR DEUX ANCIENS PROFESSEURS

DE LA MARINE MILITAIRE ET DE LA MARINE DU COMMERCE.

NOUVELLE ÉDITION.

PARIS

ROBIQUET, QUAI DES ORFÈVRES, 6.

DANS LES PORTS

CHEZ LES PRINCIPAUX LIBRAIRES.

1864

ÉLÉMENTS

DE

GÉOMÉTRIE

NOTIONS PRÉLIMINAIRES.

1. Corps. — Volume. Un *corps* est tout ce qui occupe, dans l'espace indéfini, une portion de cet espace limitée en tous sens. L'étendue d'un corps est plus ou moins grande ; quand on la compare à l'étendue d'un autre corps, prise pour unité de mesure, le rapport par quotient de ces deux grandeurs de même nature, exprime le *volume* du premier corps.

2. Surface.—Aire. La *surface* d'un corps est la limite qui le sépare de l'espace qui l'entoure ; elle détermine sa forme et lui sert, en quelque sorte, d'enveloppe immatérielle. Le rapport de l'étendue d'une surface, à celle d'une autre surface prise pour unité, donne l'*aire* de la première surface.

Quand une surface est composée de plusieurs parties distinctes, chacune de ces parties prend le nom de *face* : toutefois le mot *surface* est souvent employé pour désigner une portion quelconque de la surface totale.

3. Ligne. — Longueur. La *ligne* est la limite commune à deux faces. Le rapport de l'étendue d'une ligne, à celle d'une autre ligne prise pour unité, donne la *longueur* de la première ligne.

4. Point. Le *point* est le lieu où deux lignes se rencontrent.

5. Figures. On peut séparer, par la pensée, les surfaces, les lignes et les points des corps auxquels ils appartiennent, et les considérer isolément. Pour représenter ces diverses quantités, on a recours à des tracés qu'on appelle *figures* : seulement il ne faut pas perdre de vue que les surfaces sont immatérielles, ainsi que les lignes et les points qui en dérivent ; on doit donc toujours les réduire, idéalement, à de simples abstractions.

6. Dimension. Un point, mis en mouvement, engendre une ligne. Pareillement une ligne qui se meut dans un sens différent de sa propre direction, engendre une surface. Enfin une surface qui se déplace de manière à ne pas se mouvoir sur elle-même, engendre un corps; ou plutôt elle parcourt une certaine portion de l'espace, qu'on peut concevoir occupée par un corps terminé aux mêmes limites. De ces considérations, ressortent les propriétés suivantes :

Le point n'a d'étendue dans aucun sens, c'est-à-dire qu'il n'a aucune espèce de *dimension*.

La ligne s'étend dans un seul sens ou n'a qu'une seule dimension ; c'est sa *longueur*.

La surface s'étend suivant deux directions différentes, ou est douée de deux dimensions ; on les nomme *longueur* et *largeur* ou *hauteur*.

Enfin, le corps s'étend suivant trois directions, ou possède trois dimensions distinctes, savoir : la *longueur*, la *largeur* et l'*épaisseur*, qu'on appelle encore la *hauteur* ou la *profondeur*.

7. Ligne droite. La ligne la plus simple est la *ligne droite*, ou par abréviation la *droite* : c'est une ligne indéfinie qui suit le plus court chemin entre deux quelconques de ses points.

Quand une ligne est composée de plusieurs lignes droites, on l'appelle ligne *brisée* et chacune des lignes partielles se nomme un côté.

8. Surface plane ou plan. La surface la plus simple est la *surface* *plane* ou le *plan*; cette surface est telle que si l'on considère deux de ses points à *volonté* et que l'on conçoive une droite entre ces deux points, cette droite est entièrement contenue dans la surface.

La surface est dite *brisée* quand elle est composée de plans, qui en forment les faces.

9. Ligne courbe. Toute ligne qui n'est ni droite ni composée de lignes droites est une ligne *courbe*.

La ligne courbe la plus simple est la *circonférence de cercle* ou la *ligne circulaire*; c'est une courbe fermée, *tracée sur un plan*, telle que tous ses points sont à égale distance d'un point intérieur appelé *centre*.

Si on partage une ligne courbe en plusieurs parties et qu'on joigne, deux à deux, les points de division successifs par des lignes droites, on obtient une ligne *brisée*. En multipliant ces points de division, on diminue la distance des points successifs, et la ligne brisée se rapproche de plus en plus de la ligne courbe. Les deux lignes se confondent lorsque les points de division sont aussi rapprochés que possible; les côtés infiniment petits de la ligne brisée se nomment alors des *éléments* de la ligne droite et l'on peut définir la ligne courbe, une ligne brisée dont les côtés sont des éléments de ligne droite, qui n'ont pas de grandeur appréciable.

10. Surface courbe. Toute surface qui n'est ni plane ni composée de plans est une surface *courbe*.

On peut assimiler une surface courbe à une surface brisée, composée d'un nombre infini de facettes planes infiniment petites, ou d'*éléments* de plans qui n'ont pas d'étendue appréciable.

11. Objet de la Géométrie. La *Géométrie* a pour objet l'étude des rapports qui existent entre les lignes, les surfaces et les volumes; elle traite de leur mode de génération et des propriétés qui les caractérisent, indépendamment de la nature des corps auxquels ils appartiennent.

Elle se divise en deux branches principales, savoir : la *géométrie plane* qui ne s'occupe que des lignes contenues dans un plan et des figures planes; et la *géométrie dans l'espace* qui comprend les corps, les surfaces courbes et les lignes non situées dans un même plan.

La *Géométrie élémentaire* étudie seulement deux espèces de lignes, la droite et la circonférence du cercle, ainsi qu'un nombre limité de surfaces et de corps auxquels ces deux lignes peuvent donner naissance d'une manière simple.

On se sert dans les sciences mathématiques et principalement en Géométrie de certains termes généraux qu'il convient d'expliquer.

12. Axiôme. On donne le nom d'*axiôme* à toute vérité évidente par elle-même.

Théorème. Un *théorème* est une vérité qui ne devient évidente qu'à l'aide d'un raisonnement appelé démonstration.

Problème. Un *problème* est une question proposée dont on demande la *solution*.

Lemme. Un *lemme* est un théorème *accessoire* destiné à faciliter la démonstration d'un théorème plus important, ou la résolution d'un problème.

Proposition. Les théorèmes, les problèmes et les lemmes, se désignent sous le nom commun de *propositions*.

Corollaire. Le *corollaire* est une vérité qui ressort immédiatement d'une proposition démontrée.

Scholie. Une *remarque* prend quelquefois le nom de *scholie*.

13. Notation. Nous avons dit plus haut que les lignes, les surfaces et les corps, se représentent par des figures.

On distingue les différents points d'une même figure, en les désignant par des lettres qu'on place à côté de chacun d'eux. Ainsi, on dit : le point A, le point B, etc.

Une ligne se désigne par deux de ses points ; par exemple, la ligne AB est une ligne qui passe par les deux points A et B. Si plusieurs lignes passent par ces deux points, on désigne en outre un troisième point de la ligne qu'on veut indiquer ; ainsi, la ligne ABC est une ligne qui passe par les trois points A, B, C.

Un procédé semblable sert à distinguer les surfaces et les corps.

On convient quelquefois de représenter par une seule lettre

une ligne, une surface ou un corps, afin d'abréger le discours.

Les lettres accentuées s'énoncent comme il suit :

A' B' C'.....: A prime, B prime, C prime,.....
A'' B'' C''....: A seconde, B seconde, C seconde,...
A''' B''' C'''...: A tierce, B tierce, C tierce, ...

et ainsi de suite.

Quand des lettres minuscules sont employées conjointement avec des majuscules, on énonce le mot *petit* devant les minuscules, et le mot *grand* devant les autres. *a* s'énonce *petit a* ; A, *grand* A ; *abcd*, *petit abcd* ; ABCD, *grand* ABCD.

14. Signes abréviatifs. La géométrie emprunte à l'algèbre les signes suivants :

= *égale*, qui indique une égalité entre deux quantités qu'il sépare ; Ex. $A = B$

+ *plus*, qui indique une addition ; Ex. $A + B$

— *moins*, qui indique une soustraction ; Ex. $A - B$

× *multiplié par*, qui indique une multiplication ; Ex. $A \times B$

: *divisé par*, qui indique une division ; Ex. $A : B$. On lui substitue, le plus souvent, le trait — placé entre les deux quantités, dont la première se met au-dessus et l'autre au-dessous : Ex. :

$\frac{A}{B}$ qu'on énonce A *sur* B, ou le *rapport* de A à B.

> *plus grand que* ; Ex. $A > B$, c'est-à-dire A plus grand que B

< *plus petit que* ; Ex. $A < B$, c'est-à-dire A plus petit que B.

On représente :

le carré ou la seconde puissance des quantités A, AB, A + B,.... par A^2, $\overline{AB}^2$, $(A+B)^2$..... ;

le cube ou la troisième puissance des mêmes quantités par A^3, $\overline{AB}^3$, $(A+B)^3$.... ;

leur racine carrée par $\sqrt[2]{A}$, $\sqrt[2]{AB}$, $\sqrt[2]{A+B}$;

leur racine cubique par $\sqrt[3]{A}$, $\sqrt[3]{AB}$, $\sqrt[3]{A+B}$.

15. Quand nous placerons un nombre entre deux parenthèses, nous indiquerons un renvoi au paragraphe dont ce nombre désigne le rang : ainsi **(17)** indique un renvoi au paragraphe 17.

PREMIÈRE PARTIE.

GÉOMÉTRIE PLANE

ANGLES RECTILIGNES.

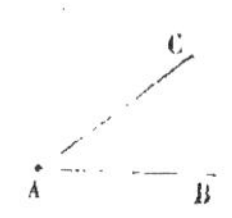

16. Angle. On nomme *angle rectiligne*, l'ouverture plus ou moins grande de deux droites AB, AC, qui partent d'un même point A. Les lignes AB, AC, sont les *côtés* de l'angle, et le point A en est le *sommet*. La longueur des côtés ne change rien à leur ouverture, c'est-à-dire à la valeur de l'angle.

Un angle se désigne par trois lettres, dont deux placées le long de chaque côté, et la troisième au sommet ; on énonce cette dernière entre les deux autres, et l'on dit l'angle BAC ou l'angle CAB. Toutefois, quand un angle est seul autour d'un sommet, on se contente souvent de le désigner par la lettre de ce sommet, et l'on dit simplement l'angle A.

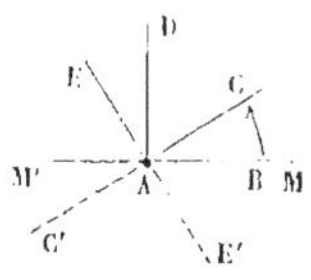

17. Génération de l'angle. L'origine de l'angle provient de la rotation d'une droite autour d'un de ses points. Concevons une droite AB, tournant autour du point A, à partir d'une direction primitive AM, dans le sens désigné par une flèche. Elle s'écartera de plus en plus de la direction AM, et prendra les positions successives AC, AD, AE, pour arriver à la direction *opposée* AM'. Elle formera ainsi avec AM des angles CAM, DAM,...

qui croîtront de plus en plus, et l'on pourra même, si l'on veut, continuer le mouvement au-delà de AM'.

Les angles étant susceptibles d'augmentation et de diminution, sont des grandeurs mathématiques comparables entre elles.

18. **Ligne perpendiculaire.** Dans cette rotation, il existe *toujours un moment* où la droite occupe une position AD, faisant avec AM le *même* angle qu'avec son prolongement AM'. On exprime cette direction en disant que la droite AD ne *penche* ni vers AM, ni vers AM', ou qu'elle est *perpendiculaire* à MM'; le point A s'appelle le *pied* de la perpendiculaire.

Il est évident qu'immédiatement avant et immédiatement après la position AD, les deux angles formés avec AM et avec AM', cessent d'être égaux : l'un d'eux sera, en effet, plus grand que l'angle DAM ou que son égal DAM', et l'autre sera plus petit. Ainsi

Par un point A pris sur une droite MM', il est toujours possible d'élever une perpendiculaire AD à cette droite, et cette perpendiculaire est unique.

Ligne oblique. Toute droite AC qui n'est pas perpendiculaire à la ligne M'M, ou qui forme avec elle deux angles CAM, CAM' inégaux, est dite *oblique* à cette droite.

19. **Angle droit.** Chacun des angles égaux DAM, DAM', que forme la perpendiculaire AD avec la droite M'M, s'appelle un *angle droit* ou simplement *un droit*.

Angle aigu. Tout angle CAM plus petit qu'un droit DAM, est un angle *aigu*.

Angle obtus. Tout angle EAM plus grand qu'un droit DAM, est un angle *obtus*.

Angles adjacents. Deux angles sont dits *adjacents*, quand ils ont le même sommet et un côté commun : tels sont les angles CAM et CAD, ou les angles CAM et CAE.

Angles opposés au sommet. On nomme ainsi deux angles tels que les côtés de l'un soient les prolongements des côtés de l'autre. Si AC' et AE' sont, par exemple, les prolongements des lignes AC et AE, les angles CAE, C'AE', sont opposés au sommet.

THÉORÊME.

20. Tous les angles droits sont égaux entre eux.

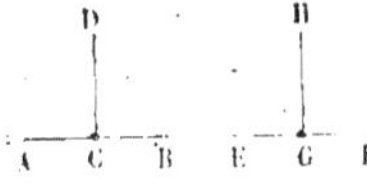

Supposons CD perpendiculaire à AB, et GH perpendiculaire à EF ; il s'agit de démontrer que les angles droits des deux figures sont égaux entre eux.

Pour cela, transportons la seconde figure sur la première, en plaçant la droite EF sur la ligne AB et en la faisant glisser le long de cette ligne jusqu'à ce que le point G coïncide avec le point C. Alors, la droite GH devient perpendiculaire à AB, au point C; elle se confond donc avec CD, puisqu'on ne peut élever qu'une seule perpendiculaire en un point d'une droite (18). Par suite, il y a coïncidence parfaite entre les deux figures, et les angles sont nécessairement égaux.

THÉORÊME.

21. La somme de deux angles adjacents DCB, DCA, formés du même côté d'une droite indéfinie AB, par une autre droite CD, est égale à deux droits.

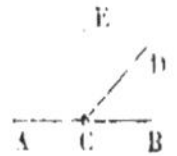

Pour le démontrer, élevons au point C la perpendiculaire CE à la droite AB ; nous aurons, en décomposant l'angle DCA en deux parties, DCE+ECA,

$$DCB+DCA = DCB+DCE+ECA,$$

ou en faisant la somme des angles DCB, DCE,

$$DCB+DCA = BCE+ECA,$$

c'est-à-dire

$$= 1 \text{ droit} + 1 \text{ droit}$$
$$= 2 \text{ droits}.$$

COROLLAIRE I. **La somme des angles consécutifs BCD, DCE, ECF, FCA, ayant pour sommet commun le même point C d'une droite AB, et situés d'un même côté de cette droite, est égale à deux droits.**

Car cette somme est égale à celle des deux angles adjacents DCB + DCA, qui vaut deux droits.

COROLLAIRE II. **La somme des angles consécutifs BCD, DCE, ECF,... GCB, formés autour du point C par différentes droites, est égale à quatre droits.**

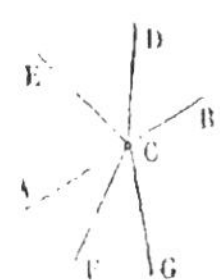

Prolongeons, en effet, l'une des droites CB, de de l'autre côté suivant CA : la somme de tous les angles énoncés est évidemment égale à la somme des angles situés d'un côté de AB, augmentée de la somme des angles situés de l'autre côté, et l'on vient de voir que chacune de ces deux dernières sommes vaut deux droits.

COROLLAIRE III. **Quand deux droites AB, DE, se coupent, si l'un des quatre angles adjacents DCA, par exemple, est droit, les trois autres angles DCB, BCE, ACE, sont aussi droits.**

Car DCB vaut deux droits avec son adjacent DCA qu'on suppose égal à un droit; il est donc lui-même égal à un droit.

BCE, adjacent de BCD, vaut également un droit; et ainsi de l'angle ACE.

22. **Angles complémentaires.** Deux angles sont dits *complémentaires*, quand leur somme vaut un droit; chacun d'eux est le *complément* de l'autre.

Si deux angles, que nous désignerons par A et par B, ont le même complément C, ils sont égaux. Il vient, en effet,

$$\left.\begin{array}{l} A+C=1 \text{ droit} \\ B+C=1 \text{ droit} \end{array}\right\} \text{ par suite } A+C=B+C \quad \text{ou } A=B$$

Angles supplémentaires. Deux angles dont la somme vaut deux droits, sont *supplémentaires* l'un de l'autre.

On ferait voir, par une démonstration semblable à celle qui précède, en remplaçant 1 droit par 2 droits, que deux angles A et B ayant le même supplément C, sont égaux.

THÉORÈME.

23. **Lorsque deux angles adjacents DCB, DCA, valent ensemble deux droits, leurs côtés extérieurs CB, CA, sont en ligne droite.**

Si l'on prolonge, en effet, l'un de ces côtés, CA par exemple, ce prolongement devra faire, avec CD, un angle ayant DCA pour supplément (21). Cet angle n'est donc autre que DCB (22), et le côté CB est le prolongement même de AC.

THÉORÈME.

24. Les angles AOB, COD, opposés par le sommet, sont égaux.

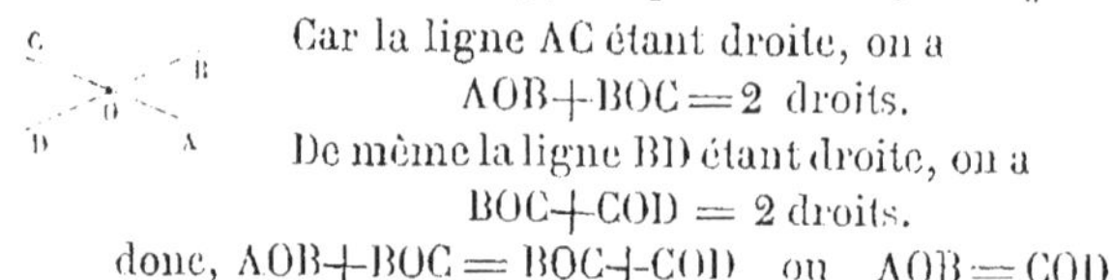

Car la ligne AC étant droite, on a

$$AOB + BOC = 2 \text{ droits}.$$

De même la ligne BD étant droite, on a

$$BOC + COD = 2 \text{ droits}.$$

donc, $AOB + BOC = BOC + COD$ ou $AOB = COD$.

TRIANGLES. — CAS D'ÉGALITÉ. — TRIANGLE ISOSCÈLE.

25. Polygone Un *polygone* est une surface ABCDEFA terminée de toutes parts par des lignes droites AB, BC,... FA qui en sont les côtés.

L'ensemble de ces droites forme le *contour* ou le *périmètre* du polygone.

Les angles ABC, BCD,... FAB sont les *angles* du polygone, et les points A, B, C,... F en sont les sommets.

Toute droite telle que AC, AD ou AE, qui joint deux sommets non consécutifs est une *diagonale*.

Un polygone est dit *convexe*, quand son périmètre ne peut être coupé par une même ligne droite, en plus de deux points; c'est le seul genre de polygones que nous aurons à considérer.

Le polygone le plus simple a trois côtés, et par suite trois angles ; on l'appelle *triangle*. Le polygone de quatre côtés se nomme *quadrilatère*, celui de cinq côtés *pentagone*, celui de six côtés *hexagone*, celui de dix côtés *décagone*, etc.

26. Triangles. Le triangle, ou la figure formée par trois droites qui se coupent deux à deux, est dit *rectangle* quand un de ses angles est droit ; le côté opposé à cet angle se nomme *hypothénuse*. Par exemple, si le triangle ABC est supposé rectangle en A, le côté BC en est l'hypothénuse.

Si deux côtés AC, BC d'un triangle sont égaux, on dit qu'il est *isoscèle*. On fera voir plus loin que les angles opposés B et A sont alors égaux. Le point C prend particulièrement le nom de *sommet* du triangle et le troisième côté AB s'appelle la *base*.

Quand les trois côtés sont égaux, le triangle est dit *équilatéral*. On démontrera plus loin que les trois angles sont alors égaux, et le triangle est dit également *équiangle*.

Enfin le triangle en général, ou celui qui a ses trois côtés inégaux, prend quelquefois le nom de triangle *scalène*.

THÉORÈME.

27. **Dans tout triangle, un côté quelconque est plus petit que la somme des deux autres et plus grand que leur différence.**

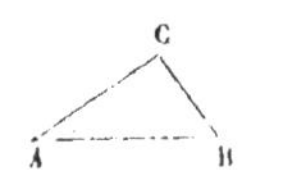

La ligne droite AC étant le plus court chemin de A à C, il vient

$$AC < AB + BC.$$

Par le même motif, on a $AC + BC > AB$, ou en retranchant BC des deux parts,

$$AC > AB - BC.$$

THÉORÈME.

28. **Deux triangles ABC, A'B'C' sont égaux, quand ils ont un angle égal A=A' compris entre deux côtés égaux chacun à chacun, AB=A'B', AC=A'C'.**

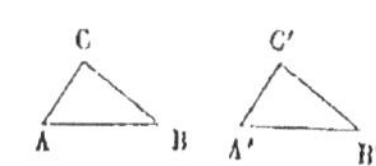

Transportons, en effet, le deuxième triangle A'B'C' sur le premier, en appliquant le point A' sur le point A et en dirigeant le côté A'B' sur le côté AB : ces deux côtés étant égaux, le point B' tombe sur le point B. De ce que l'angle A' est égal à l'angle A, il résulte que A'C' se dirige sur AC, et ces deux côtés étant égaux, le point C' tombe sur le point C.

La ligne B'C' se confond donc avec la ligne BC, et les deux figures coïncident ou sont égales. Par suite, on a

angle B = angle B', angle C = angle C', côté BC = côté B'C'.

THÉORÈME.

29. **Deux triangles ABC, A'B'C' sont égaux, quand ils ont un côté égal AB = A'B', adjacent à deux angles égaux chacun à chacun A = A', B = B'.**

Superposons les deux figures, en appliquant le côté A'B' sur son égal AB. L'angle A′ étant égal à l'angle A, le côté A′C′ prend la direction de AC, et le point C′ tombe en l'un des points de AC.

De même, l'angle B′ étant égal à l'angle B, le côté B′C′ prend la direction de BC, et le point C′ tombe en l'un des points de BC.

Le point C′ devant se trouver à la fois sur AC et sur BC, se confond avec leur point d'intersection C. Par suite, les deux figures coïncident ou sont égales, et l'on a

$$\text{angle } C = \text{angle } C', \quad AC = A'C', \quad BC = B'C'.$$

THÉORÊME.

30. Lorsque deux triangles ABC, A′B′C′ ont deux côtés égaux chacun à chacun AB = A′B′, AC = A′C′ et que l'angle compris BAC de l'un des triangles est plus grand que l'angle compris B′A′C′ du second, le troisième côté BC du premier triangle est également plus grand que le troisième côté B′C′ du second.

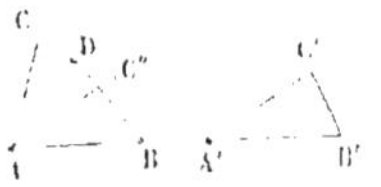

Pour le démontrer, concevons au point A un angle BAC″ = A′ et, par conséquent, moindre que BAC; prenons une longueur AC″ = A′C′ = AC et joignons BC″. Les triangles BAC″, B′C′A′ ont un angle égal BAC″ = A′ compris entre deux côtés égaux chacun à chacun AB = A′B′, AC″ = A′C′; ils sont donc égaux et l'on a BC″ = B′C′. Par suite, il suffit de faire voir que BC″ est moindre que BC.

Divisons l'angle CAC″ en deux parties égales par la droite AD, qui rencontre le côté BC en un point D, et traçons la droite DC″. Les deux triangles DAC, DAC″ ont un côté commun AD, l'angle DAC = DAC″ et le côté AC = AC″; ils sont donc égaux comme ayant un angle égal compris entre deux côtés égaux et il vient DC = DC″.

Or, on a $BC'' < BD + DC''$

ou $< BD + DC$

ou enfin $< BC$

THÉORÊME RÉCIPROQUE.

31. Quand deux triangles ABC, A′B′C′ ont deux côtés égaux chacun à chacun AB = A′B′, AC = A′C′, et que le troisième côté de l'un BC est plus grand que le troisième côté de l'autre B′C′, l'angle opposé BAC dans le premier triangle est plus grand que l'angle opposé B′A′C′ dans le second.

L'angle BAC ne saurait être, en effet, ni égal à l'angle A′ ni plus petit que lui. Car dans le premier cas, les deux triangles seraient égaux, et l'on aurait BC = B′C′ ce qui est contre l'hypothèse ; dans le second, le côté BC serait plus petit que B′C′, ce qui serait encore contre la supposition.

THÉORÊME.

32. Deux triangles ABC, A′B′C′ sont égaux, quand ils ont leurs trois côtés égaux chacun à chacun, AB = A′B′, AC = A′C′, CB = C′B′.

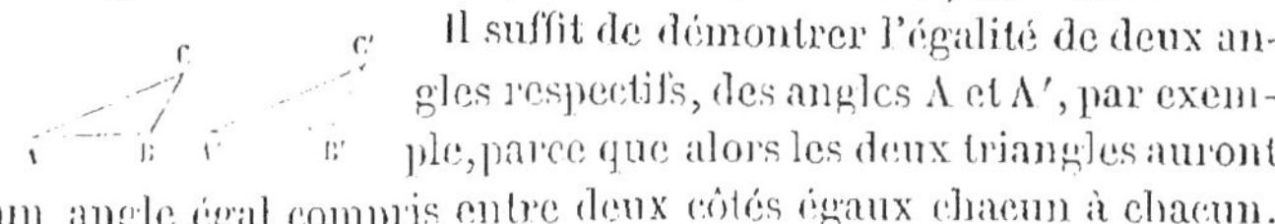

Il suffit de démontrer l'égalité de deux angles respectifs, des angles A et A′, par exemple, parce que alors les deux triangles auront un angle égal compris entre deux côtés égaux chacun à chacun. Or l'angle A ne peut-être ni plus grand ni plus petit que l'angle A′ ; autrement le côté opposé BC serait plus grand ou plus petit que B′C′, ce qui est contre la supposition. Ces deux angles sont donc égaux et il vient aussi

$$\text{angle } B = B', \quad \text{angle } C = C'.$$

Remarque. Il est important de noter que, dans les triangles égaux, les angles égaux sont opposés aux côtés égaux ; ainsi les angles égaux B et B′ sont opposés aux côtés égaux AC, A′C′.

THÉORÊME.

33. Si deux côtés AC, BC, d'un triangle ABC, sont égaux, ou si le triangle est isoscèle, les angles B, A opposés à ces côtés sont aussi égaux.

Joignons le *sommet* C au milieu D de la *base* par la droite CD.

Les deux triangles ACD, BCD ont les trois côtés égaux, savoir, CD commun, CA = CB par hypothèse, et DA = DB par construction ; donc ces deux triangles sont égaux, et l'angle A = B.

Corollaire. Un triangle équilatéral est en même temps équiangle.

Remarque. L'égalité des deux triangles ADC, CBD prouve en même temps que l'angle ADC = BDC et que l'angle DCA = DCB ; donc

La droite qui joint le sommet d'un triangle isoscèle au milieu de sa base est perpendiculaire à cette base et divise l'angle au sommet en deux parties égales : on lui donne le nom d'*apothème* du triangle.

34. RÉCIPROQUEMENT. **Si deux angles A et B d'un triangle sont égaux, les côtés opposés BC, AC sont égaux et le triangle est isoscèle.**

Sur le milieu du côté AB élevons une perpendiculaire et prouvons d'abord qu'elle devra passer au sommet opposé C.

Si elle ne passait pas par ce point, elle couperait au moins l'un des deux autres côtés, par exemple AC, en un point différent C′. Joignant BC′, on formerait deux triangles C′DB, C′DA qui auraient un angle égal en D compris entre deux côtés égaux et seraient égaux. Par suite, l'angle C′BD serait égal à l'angle A ou à son égal CBA, dont il n'est qu'une partie, ce qui est impossible.

Ainsi la perpendiculaire passe au point C ; les deux triangles CDA, CDB sont donc égaux et le côté CB = CA.

THÉORÈME.

35. **Si deux angles A, B d'un triangle sont inégaux, au plus petit des deux angles B < A est opposé le plus petit côté AC < CB.**

Faisons avec AB, au point A, l'angle BAD = B ; la droite AD coupera le côté CB au point D ; le triangle BAD est isoscèle et le côté BD = AD ; il vient

$$AC < CD + AD$$

ou $\quad < CD + DB$

ou enfin $\quad < CB.$

DE LA PERPENDICULAIRE ET DES OBLIQUES. — TRIANGLES RECTANGLES.

THÉORÈME.

36. **D'un point C pris hors d'une droite AB, on ne peut abaisser qu'une perpendiculaire CD sur cette droite.**

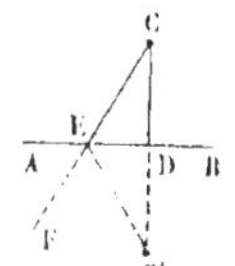

Il suffit de montrer que *toute autre* droite CE forme avec AB deux angles CEA, CEB inégaux.

Prolongeons CD d'une quantité DC' = CD et joignons EC'. La ligne CEC' est brisée, puisqu'il ne peut exister qu'une seule droite CC' entre les deux points C, C'; ainsi EC' diffère de EF prolongement de CE. Les deux triangles CED, C'ED ont un angle égal en D, compris entre deux côtés égaux chacun à chacun; ils sont donc égaux et l'angle CED = C'ED. Mais l'angle C'ED est plus petit que FED, qui est lui-même égal à CEA comme opposé au sommet; donc enfin l'angle CED est moindre que CEA et la droite CE est oblique à AB.

THÉORÈME.

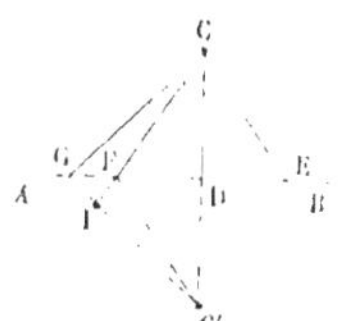

37. Si d'un point C pris hors d'une droite AB on mène la perpendiculaire CD et diverses obliques CE, CF, CG, . . . :

1° La perpendiculaire CD est plus courte que toute oblique CG;

2° Deux obliques CE, CF qui s'écartent de quantités égales DE = DF du pied de la perpendiculaire, sont égales;

3° De deux obliques CG, CF, ou CG, CE qui s'écartent de quantités inégales DG > DF ou DG > DE, du pied de la perpendiculaire, la plus grande est l'oblique CG qui s'en écarte le plus.

Prolongeons la perpendiculaire CD d'une quantité DC' = DC et joignons C'F, C'G.

1° Les deux triangles CDG, C'GD sont égaux comme ayant un angle droit en D compris entre deux côtés égaux chacun à chacun; donc CG = C'G; mais on a

$$CDC' < CG + GC'$$

ou $$2CD < 2CG$$

ou enfin $$CD < CG$$

2° Les deux triangles CFD, CED ont un angle égal CDE = CDF, compris entre deux côtés égaux chacun à chacun; donc

$$CE = CF$$

3° L'égalité des triangles CGD, C'GD et CFD, C'FD donne CG = C'G et CF = C'F. Or la ligne CGC' est plus longue que la ligne enveloppée CFC'. Prolongeons, en effet, CF jusqu'en I ; on aura

d'une part $CG + GI > CF + FI$

de l'autre $FI + IC' > C'F$

d'où, en ajoutant les deux inégalités de même sens et en supprimant FI aux deux membres,

$$CG + GI + IC' > CF + C'F$$

c'est-à-dire $CG + GC' > CF + C'F$

ou bien $2CG > 2CF$

ou enfin $CG > CF$, ce qu'il fallait démontrer.

Si les deux obliques inégalement distantes sont situées de différents côtés de la perpendiculaire, telles que CG et CE, on prend du côté de CG une distance $DF = DE$ et joignant CF, on a $CF = CE$; or, on sait que CG est $> CF$; donc aussi CG est $> CE$.

REMARQUE. La perpendiculaire étant la plus courte ligne menée d'un point à une droite, sert à mesurer la distance de ce point à la droite.

COROLLAIRE. *D'un même point on ne peut mener à une droite plus de deux obliques égales* ; *car il n'en existe que deux s'écartant également du pied de la perpendiculaire.*

RÉCIPROQUES. *Si deux obliques sont égales, elles s'écartent également du pied de la perpendiculaire;* s'il en était autrement elles cesseraient d'être égales.

De deux obliques inégales, la plus longue s'écarte le plus du pied de la perpendiculaire ; autrement, ou elles seraient égales ou l'oblique dont il s'agit serait la plus courte.

THÉORÈME.

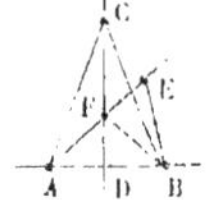

38. Si par le point D, milieu de la droite AB, on élève la perpendiculaire DC à cette droite,

1° Tout point C de cette perpendiculaire est également distant des extrémités A, B de la droite, c'est-à-dire $CA = CB$.

2° Tout point E, pris hors de la perpendiculaire, est inégalement distant des mêmes extrémités, c'est-à-dire, $EB < EA$.

1° Puisqu'on suppose $DA = DB$, les distances CA, CB sont des obliques égales, et il en est de même pour tout autre point de la perpendiculaire.

2° Soit F le point où la ligne EA coupe la perpendiculaire; si l'on mène FB, on aura FA = FB ; or, il vient

$$EB < EF + FB$$
$$\text{ou} \quad < EF + FA$$
$$\text{ou enfin} \quad < EA$$

REMARQUE. On nomme *lieu géométrique* une ligne dont tous les points jouissent exclusivement d'une même propriété. Ainsi, on dit que la perpendiculaire, élevée sur le milieu d'une droite, est le lieu géométrique de tous les points également distants des extrémités de cette droite.

THÉORÈME.

39. Deux triangles ABC, A'B'C', rectangles en A et en A', sont égaux quand ils ont l'hypothénuse égale BC = B'C', et un côté égal AC = A'C'.

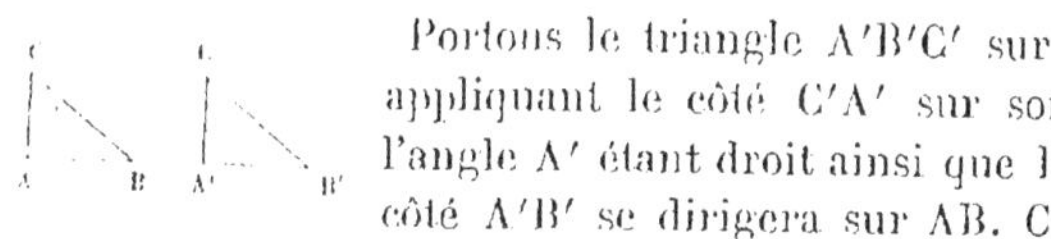

Portons le triangle A'B'C' sur l'autre, en appliquant le côté C'A' sur son égal CA : l'angle A' étant droit ainsi que l'angle A, le côté A'B' se dirigera sur AB. Cela posé les deux hypothénuses partiront du même point C, et puisqu'elles sont supposées égales, elles devront s'écarter également du pied A de la perpendiculaire ; ainsi le point B' tombera au point B et les deux triangles coïncideront ; ils sont donc égaux.

THÉORÈME.

40. Deux triangles rectangles en A et A' sont égaux, quand ils ont l'hypothénuse égale BC = B'C' et un angle égal B = B'.

Superposons le triangle B'A'C' sur le triangle BAC en faisant coïncider les deux hypothénuses B'C' et BC ; l'angle B' étant égal à l'angle B, le côté B'A' se dirigera sur BA. Par suite, C'A' et CA seront deux perpendiculaires à une même droite partant d'un *même* point C ; elles se confondront donc, et il y aura encore coïncidence des deux figures.

THÉORIE DES PARALLÈLES.

41. Parallèles. Deux droites sont dites *parallèles* lorsque, étant situées dans un même plan, elles ne peuvent se rencontrer quelle que soit la distance à laquelle on les suppose prolongées.

THÉORÈME.

Deux droites AB, CD perpendiculaires à une même droite EF sont parallèles.

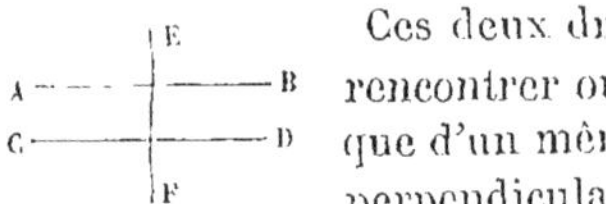

Ces deux droites ne sauraient, en effet, se rencontrer ou avoir un point commun, puisque d'un même point on ne peut mener deux perpendiculaires à une même droite.

COROLLAIRE. De là il résulte qu'il est toujours possible de mener par un point C, une parallèle à une droite donnée AB. Il suffit, en effet, de tracer une perpendiculaire quelconque EF à la droite AB, puis de mener par le point C une perpendiculaire à cette ligne.

AXIÔME. Nous admettrons comme évident que, par un point donné, on ne peut mener qu'*une seule parallèle à une droite*.

On en conclut que si une droite en coupe une autre, elle doit rencontrer toute parallèle à cette seconde droite. Car, s'il en était autrement, les deux premières droites seraient parallèles à cette nouvelle ligne, quoique se coupant toutes deux, c'est-à-dire, quoique passant en un même point, ce qui serait contre le principe énoncé.

THÉORÈME.

42. Réciproquement, lorsque deux droites AB, CD sont parallèles, toute perpendiculaire EF à l'une d'elles AB, est perpendiculaire à l'autre CD.

Car si CD n'était pas perpendiculaire à EF, on pourrait, d'un de ses points C, mener une perpendiculaire à EF qui serait, par suite, parallèle à AB. On aurait donc deux parallèles à AB, passant par le point C, ce qui est impossible.

THÉORÈME.

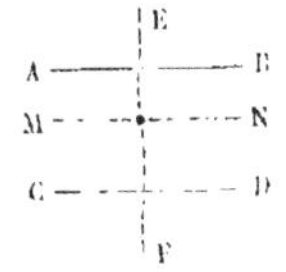

43. Deux droites AB, CD, parallèles à une troisième MN, sont parallèles entre elles.

Pour le démontrer, concevons une droite EF perpendiculaire à MN ; cette droite sera aussi perpendiculaire à AB et à CD qui sont parallèles à MN. Les deux droites AB, CD étant perpendiculaires à la même droite EF, sont parallèles entre elles.

44. Angles de deux droites coupées par une sécante.

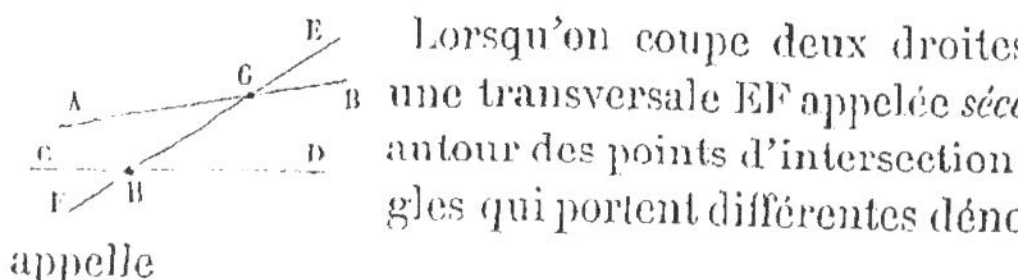

Lorsqu'on coupe deux droites AB, CD par une transversale EF appelée *sécante*, on forme, autour des points d'intersection G, H, huit angles qui portent différentes dénominations. On appelle

Angles internes, les quatre angles HGA, HGB, GHC, GHD, situés entre les deux droites;

Angles externes, les quatre angles EGA, EGB, FHC, FHD, situés en dehors des deux droites;

Alternes-internes, deux angles *internes*, tels que HGA, GHD, non adjacents, et situés de part et d'autre de la sécante ;

Alternes-externes, deux angles *externes*, tels que EGA, FHD, non adjacents, et situés de part et d'autre de la sécante;

Correspondants, deux angles tels que EGB, GHD, l'un interne et l'autre externe, non adjacents, et situés tous les deux du même côté de la sécante ;

Internes d'un même côté, deux angles tels que HGB, GHD;

Externes d'un même côté, deux angles tels que EGB, FHD.

THÉORÊME.

45. Si deux droites parallèles AB, CD, sont coupées par une sécante EF :

1° Les angles alternes-internes sont égaux.

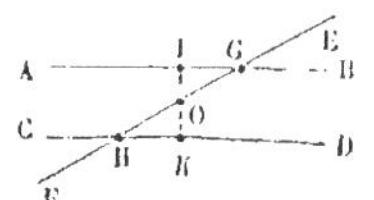

Par le point O, milieu de GH, menons la droite IOK perpendiculaire à AB, et par suite à CD. Les deux triangles rectangles OIG, OHK, ont l'hypoténuse égale OG = OH et un angle égal IOG = KOH, puisque ces deux angles sont opposés au sommet ; les deux triangles sont donc égaux, et, par conséquent, il y a égalité entre les angles alternes-internes OGI, OHK, qui ne sont autres que les angles FGA, EHD.

Les angles alternes-internes HGB, GHC, sont aussi égaux, car ils sont respectivement les suppléments des angles égaux HGA, GHD.

2° **Les angles alternes-externes sont égaux.**

Par exemple, les angles EGA, FHD, sont égaux, comme étant opposés au sommet des angles alternes-internes HGB, GHC.

3° **Les angles correspondants sont égaux.**

Par exemple, EGB = GHD ; chacun de ces angles est, en effet, égal au même angle HGA, le premier comme opposé au sommet, le second comme alterne-interne.

4° **Les angles internes d'un même côté sont supplémentaires.**

Il vient, par exemple, HGB + GHD = 2 droits ; car on a l'égalité HGB + EGB = 2 droits, et l'on peut remplacer l'angle EGB par son correspondant GHD.

5° **Les angles externes d'un même côté sont supplémentaires.**

Par exemple, EGB + FHD = 2 droits ; on a, en effet, l'égalité EGB + HGB = 2 droits, et l'angle HGB est le correspondant de l'angle FHD.

THÉORÈME.

46. **Réciproquement, deux droites AB, CD, coupées par une sécante EF, sont parallèles, lorsqu'elles forment avec cette sécante :**

1° **Des angles alternes-internes égaux : Ex.** HGA = GHD.

Concevons, en effet, par le point G, une parallèle à CD ; cette droite devra faire avec GH, à sa gauche, un angle égal à l'alterne interne GHD, ou à son égal HGA ; elle n'est donc autre que la droite GA ou AB.

2° **Des angles alternes-externes égaux : Ex.** EGA = FHD.

3° **Des angles correspondants égaux : Ex.** EGB = GHD.

La démonstration, dans ces deux derniers cas, est du même genre que la précédente.

4° **Des angles internes d'un même côté supplémentaires : Ex.** HGB + GHD = **2 droits.**

Car la parallèle à CD, menée par le point G, doit faire avec GH, à droite, un angle supplémentaire de GHD, ou, par suite, un angle égal à HGB ; elle se confond donc avec GB ou AB.

5° **Deux angles externes d'un même côté supplémentaires : Ex.** EGB + FHD = **2 droits.**

La démonstration est semblable à la précédente.

THÉORÈME.

47. Deux angles qui ont leurs côtés parallèles, sont égaux ou supplémentaires.

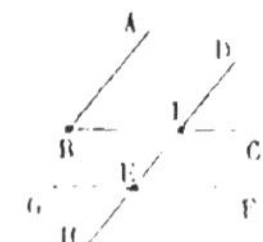

Supposons les droites AB, BC, respectivement parallèles aux droites DE, EF, et comparons l'angle ABC avec les angles que forment les deux secondes droites à leur point d'intersection E.

1° Soit d'abord l'angle DEF, dont les côtés ED, EF, sont dirigés dans le *même sens* que les côtés BA, BC, de l'angle ABC. Ces deux angles sont évidemment égaux ; car chacun d'eux a, pour correspondant, le même angle DIC.

2° L'angle GEH, dont les côtés sont dirigés dans le *sens contraire* à ceux de l'angle ABC, lui est encore égal; car il est opposé, par le sommet, à l'angle DEF.

3° Enfin, un angle tel que DEG, dont l'un des côtés ED est dirigé dans le même sens que son parallèle BA de l'angle ABC, et dont l'autre côté EG est dirigé dans le sens contraire à son parallèle BC du même angle, est supplémentaire de cet angle. L'angle DEG a, en effet, pour supplément, l'angle DEF, qui est égal à l'angle ABC.

THÉORÈME.

48. Deux angles qui ont leurs côtés perpendiculaires chacun à chacun, sont égaux ou supplémentaires.

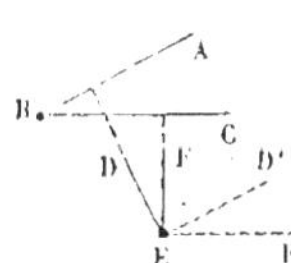

Supposons les côtés AB, BC, de l'angle ABC, respectivement perpendiculaires aux côtés DE, EF de l'angle DEF ; il s'agit de faire voir qu'ils sont égaux ou supplémentaires.

Faisons tourner l'angle DEF, dans le plan, autour de son sommet E, de manière à faire décrire à chacun des côtés un angle droit ; alors, les positions ED′, EF′, qu'occuperont ces côtés, seront perpendiculaires à leurs directions primitives ED, EF, et, par suite, parallèles aux côtés BA, BC. Les deux angles D′EF′, ABC, ayant leurs côtés parallèles, sont égaux ou supplémentaires, et l'angle D′EF′ n'est autre que l'angle DEF, qui a tourné sur son sommet.

Remarque. Si l'on nomme *angles de même espèce*, deux angles qui sont tous deux plus grands ou tous deux plus petits que un droit, et angle de *différente espèce*, deux angles dont l'un est plus grand et l'autre plus petit que un droit, on pourra énoncer, comme il suit, les deux propositions précédentes.

Deux angles, qui ont leurs côtés respectivement parallèles ou perpendiculaires sont égaux, s'ils sont de même espèce, et supplémentaires, s'ils sont de différente espèce.

SOMME DES ANGLES D'UN POLYGONE. — PARALLÉLOGRAMME.

THÉORÊME.

49. La somme des trois angles A, B, C d'un triangle ABC est égale à deux droits.

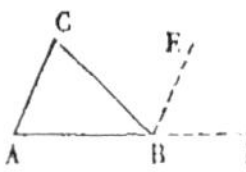

Prolongeons un côté AB, et par le sommet B menons la droite BE parallèle au côté AC opposé à ce sommet; on a

$$ABC + CBE + EBD = 2 \text{ droits}.$$

Mais CBE = ACB, car ces deux angles sont alternes-internes et formés par les parallèles AC, BE avec la sécante CB ; EBD = CAB, car ces deux angles sont correspondants et formés par les parallèles AC, BE avec la sécante ABD.

Substituant ces valeurs dans l'égalité supérieure, on a

$$ABC + BCA + CAB = 2 \text{ droits}.$$

Corollaire. I. Dans tout triangle il ne peut y avoir qu'un angle droit, et à plus forte raison, qu'un seul angle obtus.

Corollaire II. Dans tout triangle, un angle est le supplément des deux autres ; si le triangle est rectangle, chacun des deux angles *aigus* est le complément de l'autre.

Corollaire III. Quand deux triangles ont deux angles égaux chacun à chacun, les troisièmes angles sont égaux de part et d'autre.

Corollaire IV. Un angle *extérieur* CBD, formé par un côté CB et par le prolongement BD d'un autre côté AB, est égal à la somme des deux angles intérieurs opposés A, C.

THÉORÈME.

50. La somme des angles intérieurs d'un polygone quelconque, est égale à autant de fois deux droits qu'il contient de côtés moins deux.

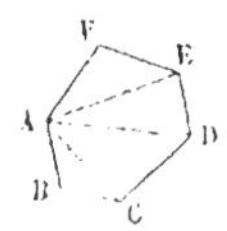

Si l'on joint un sommet A à tous les sommets non adjacents, par des diagonales, on décompose le polygone en autant de triangles qu'il y a de côtés non adjacents à ce sommet, c'est-à-dire, en autant de triangles que le polygone contient de côtés moins deux. Or, la somme des angles de chacun de ces triangles vaut deux droits, et tous leurs angles réunis composent les angles du polygone. Ces derniers angles valent donc autant de fois deux droits qu'il y a de triangles, ou que le polygone contient de côtés moins deux.

Si n représente le nombre des côtés, la somme des angles sera $2^{\text{droits}} \times (n-2) = 2n^{\text{dr}} - 4^{\text{dr}}$. Par exemple, dans le quadrilatère $n=4$, et la somme des angles $= 8^{\text{dr}} - 4^{\text{dr}} = 4^{\text{dr}}$.

51. Polygone équilatéral. On nomme *polygone équilatéral*, un polygone dont tous les côtés sont égaux entre eux.

Polygone équiangle. Le polygone *équiangle* a tous ses angles égaux.

Polygone régulier. Le polygone est dit *régulier*, quand il a ses côtés et ses angles égaux.

Parallélogramme. Le quadrilatère dont les côtés opposés sont parallèles, se nomme *parallélogramme* ou *rhombe*.

Rectangle. On appelle *rectangle*, un quadrilatère dont les angles sont égaux, et par suite sont droits. Car les quatre angles d'un quadrilatère valant quatre droits, si ces angles sont égaux, chacun d'eux vaudra nécessairement un droit.

Les côtés opposés d'un rectangle sont parallèles ; c'est donc une variété du parallélogramme.

Carré. Si le rectangle a ses côtés égaux, il prend le nom de *carré*.

Losange. Le *losange* a les quatre côtés égaux, sans que les angles soient droits.

Trapèze. Le *trapèze* est un quadrilatère dont deux côtés seulement sont parallèles ; ces deux côtés se nomment *bases* du trapèze.

THÉORÈME.

52. Les angles opposés d'un parallélogramme ABCD sont égaux, ainsi que les côtés opposés.

Les angles opposés sont égaux, car ils ont leurs côtés parallèles et dirigés en sens contraires.

Pour prouver que les côtés opposés sont égaux, menons la diagonale AC. Les deux triangles ABC, ACD, ont un côté commun AC ; de plus, les angles CAB, ACD, sont égaux comme alternes-internes par rapport aux deux parallèles AB, CD et à la sécante AC ; les angles ACB, CAD, sont aussi égaux comme alternes-internes des parallèles BC, AD et de la même sécante AC ; les deux triangles sont donc égaux et l'on a, en prenant les côtés opposés aux angles égaux,

$$AB = CD, \qquad BC = AD.$$

On énonce encore cette propriété en disant que, *deux parallèles comprises entre deux autres parallèles sont égales.*

THÉORÈME.

53. Si les côtés opposés d'un quadrilatère sont égaux, AB = CD, AD = BC, ils sont aussi parallèles et la figure est un parallélogramme.

Menons la diagonale AC. Les deux triangles ABC, ACD ont les trois côtés égaux chacun à chacun, leurs angles sont donc égaux chacun à chacun et l'on a, en prenant les angles opposés aux côtés égaux,

$$\text{angle } CAB = \text{angle } ACD, \qquad \text{angle } ACB = \text{angle } CAD.$$

Mais les angles CAB, ACD, sont alternes-internes par rapport aux droites AB, CD et à la sécante AC ; ces droites sont donc parallèles.

De même, les angles ACB, CAD sont alternes-internes par rapport aux droites BC, AD et à la même sécante AC ; ces deux autres droites sont donc aussi parallèles.

Le quadrilatère est donc un parallélogramme.

THÉORÈME.

54. Un quadrilatère ABCD, dont deux côtés opposés, AB, DC, sont égaux et parallèles, est un parallélogramme.

Traçons encore la diagonale AC ; les deux triangles ABC, ACD, ont un angle égal BAC = ACD, compris entre deux côtés égaux chacun à chacun, savoir : AC commun et AB = DC ; ils sont donc égaux, et l'angle ACB, opposé au côté AB, est égal à l'angle CAD, opposé au côté CD. Or, ces angles sont alternes-internes ; par suite, les côtés BC, AD, sont parallèles, et la figure est un parallélogramme.

THÉORÈME.

55. Les deux diagonales AC, BD, d'un parallélogramme ABCD, se coupent mutuellement en deux parties égales.

Comparons les deux triangles AOB, DOC ; le côté AB = DC, l'angle OAB = l'angle OCD, et l'angle OBA = l'angle ODC comme alternes-internes ; les deux triangles ont donc un côté égal, adjacent à deux angles égaux chacun à chacun, et sont égaux. Par conséquent, on a

$$OA = OC, \qquad OB = OD.$$

REMARQUE. Dans un losange, les côtés AB, BC, sont égaux, et le triangle ABC est isocèle ; la ligne BO, qui joint le sommet B au *milieu* de la base AC, est perpendiculaire à cette base, et les diagonales sont perpendiculaires l'une sur l'autre.

DE LA CIRCONFÉRENCE DU CERCLE.

56. Circonférence. Nous avons dit (9) qu'une *circonférence* est une courbe plane dont tous les points sont équidistants d'un point intérieur appelé *centre*.

Cercle. Le cercle est la surface plane comprise dans la circonférence. Quelquefois on emploie le mot cercle pour désigner la circonférence; mais il ne faut pas perdre de vue que, généralement, le cercle est une surface, et la circonférence, une ligne.

Rayon. Un *rayon* est toute droite OA, OB,... menée du centre à la circonférence. D'après la définition de la circonférence, le rayon reste le même pour les différents points de la circonférence, ou tous ses rayons sont égaux.

Deux cercles de même rayon sont égaux. Car si l'on superpose les deux cercles par leurs centres, chaque rayon de l'un coïncidera avec un rayon de l'autre, et tous les points des deux circonférences se confondront : il y aura donc coïncidence exacte des deux figures.

Arc. Un *arc* est une portion déterminée AMB de la circonférence.

Corde. Une *corde* est une droite AB qui joint deux points A, B, de la circonférence. L'arc AMB, qui se termine aux mêmes points, est dit *sous-tendu* par la corde. Toute corde *sous-tend* deux arcs AMB, ACEDB, dont la somme forme la circonférence.

Diamètre. Un *diamètre* est une corde CD qui passe par le centre. Les diamètres d'un même cercle sont égaux entre eux, parce qu'ils sont doubles du rayon.

Segment. Un *segment de cercle* est la partie du cercle comprise entre un arc AMB et sa corde AB, ou la surface AMBA.

Secteur. Un *secteur circulaire* est la partie du cercle comprise entre un arc AMB, et les rayons OA, OB, menés aux extrémités de cet arc, ou bien la surface AMBOA.

Sécante. On appelle *sécante* toute droite qui coupe la circonférence; les cordes et les diamètres prolongés sont des sécantes.

Une droite ne peut couper la circonférence en plus de deux points.

Car, joignant le centre à ces points, on a autant de rayons qui sont des obliques égales par rapport à la droite ; or, on a vu (Coroll. du N° **37**), que, d'un même point, on ne peut mener que deux obliques égales à une même droite.

Tangente. On appelle *tangente* une droite qui n'a qu'un seul point commun avec la circonférence.

Une circonférence est dite tangente à une autre circonférence, quand les deux courbes n'ont qu'un seul point commun.

Angle inscrit. Un angle est dit *inscrit* à un cercle, quand il a son sommet à la circonférence du cercle, et que ses côtés sont des cordes.

THÉORÊME.

57. 1° Le diamètre est la plus grande corde du cercle.

Considérons le diamètre CD et une autre corde quelconque AB ne passant point par le centre. Si l'on mène les rayons OA, OB, on a évidemment

$$AB < OA + OB,$$

ou $< OC + OD,$

ou enfin $< CD$

2° Le diamètre divise le cercle et la circonférence en deux parties égales.

Faisons tourner la portion du cercle CED autour du diamètre CD, jusqu'à ce qu'elle se rabatte sur l'autre portion CABD. Le centre O restant le même, tous les points de l'arc CED devront tomber sur des points correspondants de l'autre arc, puisque ces points sont équidistants du point O, et les deux figures coïncideront.

THÉORÊME.

58. Dans le même cercle ou dans des cercles égaux :

1° Deux arcs égaux ACB, A'C'B', sont sous-tendus par des cordes égales AB, A'B'.

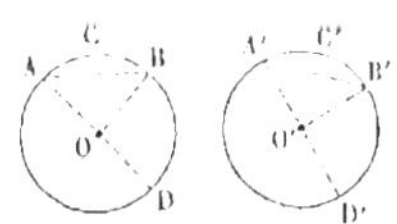

Menons les diamètres AOD, A'O'D', et superposons le demi-cercle A'B'D' sur son égal ABD, de manière que les centres coïncident et que le rayon O'A' s'applique sur OA ; les différents points de l'arc A'C'B' tomberont sur des points correspondants de l'arc ACB, et, puisque ces deux arcs sont égaux, l'extrémité B' coïncidera avec l'extrémité B. Donc les droites A'B', AB, se confondront.

2° Réciproquement, deux cordes égales AB, A'B', sous-tendent des arcs égaux ACB, A'C'B'.

Si l'on mène les rayons OB, O'B', les deux triangles ABO, A'B'O' auront les trois côtés égaux chacun à chacun ; donc l'angle AOB = l'angle A'O'B'.

Cela posé, transportons le demi-cercle A′B′D′ sur le demi-cercle ABD, en faisant coïncider les centres et en plaçant le rayon O′A′ sur son égal OA. L'angle AOB étant égal à l'ange A′O′B′, le rayon O′B′ prendra la direction OB et le point B′ tombera en B; donc les deux arcs coïncideront par leurs points extrêmes, et, conséquemment, par les points intermédiaires qui sont équidistants du centre; ces deux arcs sont donc égaux.

THÉORÈME.

59. Dans le même cercle ou dans des cercles égaux :

1° Un plus grand arc, moindre qu'une demi-circonférence, est sous-tendu par une plus grande corde.

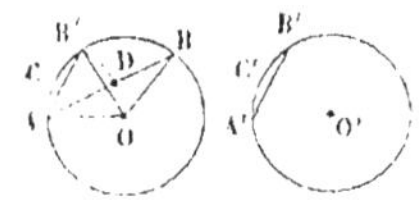

Soit l'arc ACB > l'arc A′C′B′, il faut faire voir qu'on aura la corde AB > la corde A′B′. Prenons sur ACB un arc ACB″ = arc A′C′B′; la corde AB″ est égale à la corde A′B′ (**58**), et il suffit de prouver que la corde AB est > la corde AB″.

Si on mène les rayons OA, OB″, OB, les deux triangles AOB, AOB″, auront un angle inégal AOB > AOB″ compris entre deux côtés égaux chacun à chacun; les troisièmes côtés sont donc inégaux (**30**) et il vient

$$AB > AB''$$

2° Réciproquement, une plus grande corde sous-tend un plus grand arc.

Soit la corde AB > la corde A′B′; il faut faire voir qu'on a l'arc ACB > l'arc A′C′B′. Prenons sur AB une longueur AD = A′B′ et du point A, avec le rayon AD, décrivons une circonférence qui coupe nécessairement l'arc ACB en un point B″ situé entre A et B. Joignant AB″, on a

corde AB″ = corde A′B′

et par suite (**58**) arc ACB″ = arc A′C′B′;

or ACB est évidemment > ACB″

Remarque. Si l'on considérait les arcs plus grands qu'une demi-circonférence, les propriétés *contraires* auraient lieu.

THÉORÈME.

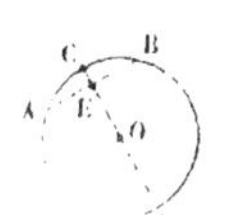

60. Le diamètre CD perpendiculaire à une corde AB partage en deux parties égales, cette corde et chacun des arcs ACB, ADB qu'elle sous-tend.

En faisant tourner le demi-cercle CBD autour du diamètre CD, pour l'appliquer sur l'autre demi-cercle, les demi-circonférences coïncident et le point B tombe sur un des points de CAD. La droite EB perpendiculaire à CD, s'applique sur EA et le point B tombe sur cette ligne. Le point B se trouvant à la fois sur la droite EA et sur l'arc CAD, coïncide avec leur point d'intersection A, et par suite, on a

EB = EA, arc BC = arc AC, arc BD = arc AD.

Remarque. *Une perpendiculaire élevée sur le milieu* E *d'une corde* AB *doit passer par tous les points équidistants des extrémités* A *et* B (38); *elle passe donc par le centre* O *et se confond avec le diamètre* CD.

THÉORÈME.

61. Dans un même cercle ou dans des cercles égaux :

1° Deux cordes égales sont également éloignées du centre.

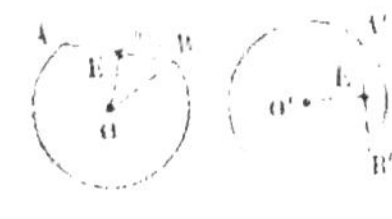

Soit la corde AB = la corde A'B'. Menons des centres sur ces cordes les perpendiculaires OE, O'E' qui divisent ces cordes en deux partis égales (60); il s'agit de prouver que OE = O'E'.

Pour cela, tirons les rayons OB, O'B'; les triangles rectangles OEB, O'E'B', ont l'hypothénuse égale OB = O'B' et un côté de l'angle droit égale EB = E'B'; ils sont donc égaux, et la distance OE = O'E'.

2° De deux cordes inégales, la plus grande est la plus rapprochée du centre.

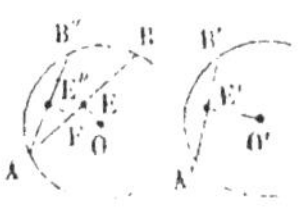

Soit la corde AB > la corde A'B', et par suite, l'arc AB''B > l'arc A'B'; il faut démontrer que la perpendiculaire OE sur AB est plus petite que la perpendiculaire O'E' sur A'B'.

Prenons sur AB un arc AB'' = arc A'B'; il en resulte que la

corde AB″ = corde A′B′ et que la perpendiculaire OE″ = O′E′. Or, F étant le point où la perpedicnlaire OE″ rencontre nécessairement la corde AB, il vient

$$\text{OE} < \text{oblique OF et } \textit{à fortiori} < \text{OE}''$$
$$\text{c'est-à-dire} \quad \text{OE} < \text{O'E'}.$$

Remarque. Les réciproques existent et se démontreraient sans la moindre difficulté.

THÉORÊME.

62. 1° Toute perpendiculaire AB à l'extrémité C d'un rayon OC, est tangente à la circonférence.

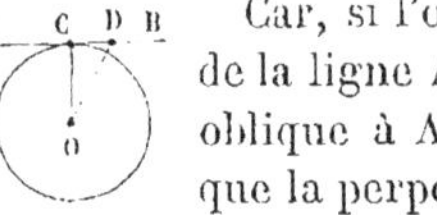

Car, si l'on joint le centre O *à tout autre point* D de la ligne AB, la droite OD, ainsi obtenue, sera une oblique à AB, et par conséquent sera plus grande que la perpendiculaire OC ou que le rayon du cercle; l'extrémité D de cette oblique tombera donc hors du cercle. La ligne AB, n'ayant que le point C commun avec la circonférence, lui est tangente.

2° Réciproquement, toute tangente AB est perpendiculaire au rayon OC mené au point de contact C.

Car *tout autre point* D de cette tangente étant situé hors de la circonférence, toute ligne OD autre que OC, allant du centre à la tangente AB, sera plus grande que OC; cette dernière droite est donc la perpendiculaire menée du point O sur la tangente.

Corollaire. Par un point C d'une circonférence, on peut toujours mener une tangente (c'est-à-dire une perpendiculaire au rayon OC), et l'on n'en peut mener qu'une seule (**18**).

THÉORÊME.

63. Deux parallèles qui rencontrent une circonférence, interceptent des arcs égaux.

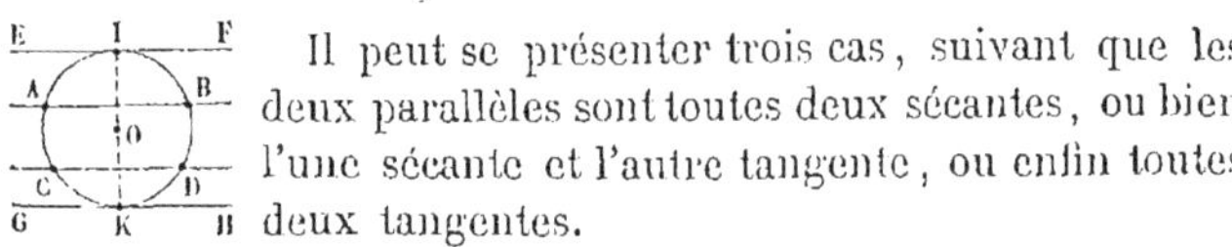

Il peut se présenter trois cas, suivant que les deux parallèles sont toutes deux sécantes, ou bien l'une sécante et l'autre tangente, ou enfin toutes deux tangentes.

1° Si AB, CD, sont les deux parallèles, menons du centre O, une perpendiculaire sur l'une d'elles; elle sera perpendiculaire à l'autre et partagera les arcs sous-tendus en deux parties égales. On aura donc, en considérant les arcs situés d'un même côté,

$$\left.\begin{array}{l}IC = ID \\ IA = IB\end{array}\right\} \text{ d'où, par soustraction, } IC - IA = ID - IB \text{ ou } AC = BD.$$

2° Si les deux parallèles sont EF et CD, on tracera le diamètre qui passe au point de tangence I; ce diamètre sera perpendiculaire à la tangente EF et, par suite, à sa parallèle CD; donc, les arcs sous-tendus par CD sont partagés en deux parties égales, et l'on aura

$$IC = ID.$$

3° Si les deux parallèles sont les tangentes EF, GH, en menant une sécante CD qui leur soit parallèle, on aura

$$\left.\begin{array}{l}IC = ID \\ KC = KD\end{array}\right\} \text{ d'où, par addition, } IC + KC = ID + KD \text{ ou } ICK = IDK.$$

INTERSECTION ET CONTACT DE DEUX CERCLES.

THÉORÈME.

64. Si deux circonférences ont un point commun A en dehors de la droite OO′, qui joint leurs centres O,O′, elles ont un deuxième point commun A′, situé sur la perpendiculaire AB à cette ligne des centres, et à la même distance BA′ de cette droite que le point A.

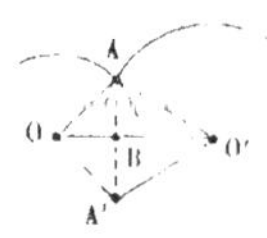

En effet, puisque BA = BA′, les obliques OA, OA′ sont égales comme s'écartant également du pied B de la perpendiculaire OO′ à la droite AA′; donc, la circonférence décrite du point O comme centre avec OA pour rayon, passe par le point A′. Pareillement, les obliques O′A, O′A′, sont égales, et la circonférence décrite du point O′ comme centre avec O′A pour rayon, passe au point A′. Ce point A′ est donc commun aux deux circonférences.

Corollaire I. Quand deux circonférences se coupent, la droite qui joint leurs centres, est perpendiculaire sur le milieu de la corde commune.

Corollaire II. Quand deux circonférences ont un seul point commun ou sont tangentes, le point de contact est nécessairement situé sur la ligne des centres; car, autrement, les circonférences se couperaient.

THÉORÈME.

65. Si deux circonférences sont extérieures, la distance $OO' = d$ des centres est plus grande que la somme des rayons $r + r'$, et réciproquement.

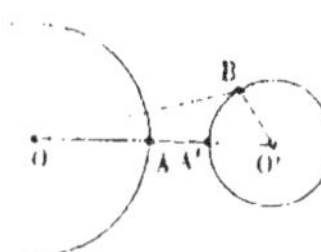

1° On a $OO' = OA + O'A' + AA'$;
d'où $OO' > OA + O'A'$.

Représentons OO' par d, le premier rayon par r et le second par r'; nous aurons

$$d > r + r'.$$

2° *Réciproquement*. Puisque OO' est plus grand que la somme des deux rayons, si l'on prend OA égal au premier rayon, et $O'A'$ égal au second, il existera un intervalle entre les points A, A', et le point A' du second cercle sera en dehors du premier cercle.

Tout autre point B du second cercle sera, à plus forte raison, hors du premier; car on a, dans le triangle OBO',

$$OB > OO' - O'B, \text{ ou } > OO' - O'A', \text{ ou enfin } > OA'.$$

THÉORÈME.

66. Lorsque deux circonférences sont intérieures l'une à l'autre, la distance des centres $OO' = d$ est plus petite que la différence des rayons $r - r'$, et réciproquement.

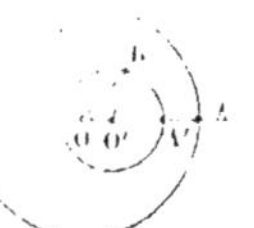

1° On a $OO' = OA - O'A' - A'A$;
d'où $OO' < OA - O'A'$
c'est-à-dire $d < r - r'$

2° *Réciproquement*. Supposons $d < r - r'$; si l'on prend sur la ligne des centres $OA = r$, $O'A' = r'$, il existera un intervalle entre A, A' et le point A' du second cercle sera dans l'intérieur du premier.

Pour tout autre point B du second cercle, il viendra

$$OB < OO' + O'B, \text{ ou } < OO' + O'A', \text{ ou enfin } < OA';$$

ce point sera donc plus près du centre O que le point A', et se trouvera, *à fortiori*, dans l'intérieur du premier cercle.

THÉORÈME.

67. Si deux circonférences sont tangentes extérieurement, la distance des centres *d* est égale à la somme des rayons $r + r'$, et réciproquement.

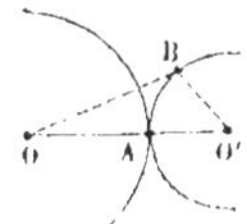

1° Le point de contact A est situé sur la ligne des centres OO′ (**64**), et l'on a $OO' = OA + O'A$, c'est-à-dire $d = r + r'$.

2° *Réciproquement*. Si l'on prend $OA = r$, O′A sera égal à r', et les circonférences passent au point A. Tout autre point B du second cercle est à une distance $OB > OA$, car on a

$$\begin{aligned} OB &> OO' - O'B \\ &> OO' - O'A \\ &> OA \end{aligned}$$

De sorte que le point A est seul commun aux deux circonférences.

THÉORÈME.

68. Si deux circonférences sont tangentes intérieurement, la distance des centres *d* est égale à la différence des rayons $r - r'$, et réciproquement.

1° Il vient $OO' = OA - O'A$, ou $d = r - r'$

2° *Réciproquement*. Si l'on prend $OA = r$, O′A sera égal à r', et le point A est commun aux deux circonférences. Tout autre point B de la seconde circonférence est intérieur à la première, car on a

$$\begin{aligned} OB &< OO' + O'B \\ &< OO' + O'A \\ &< OA. \end{aligned}$$

THÉORÈME.

69. Quand deux circonférences se coupent, la distance des centres est plus petite que la somme des deux rayons et plus grande que leur différence, et réciproquement.

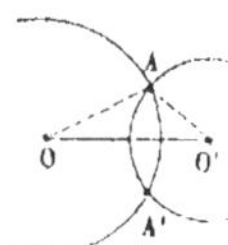

1° Les points d'intersection A, A′, sont en dehors de la ligne OO′, et l'on a, dans le triangle AOO′,

$$OO' < OA + O'A \quad \text{et} \quad OO' > OA - O'A$$

ou bien $\quad d < r + r' \quad$ et $\quad d > r - r'$.

2° *Réciproquement*. Prenons $OA = r$, puis $AB = AB' = r'$; alors, $OB = r + r'$ et $OB' = r - r'$. Tout point O', situé entre B' et B, est tel qu'on a $OO' < r + r'$ et $> r - r'$; si donc on décrit de ce point O' avec le rayon r' une circonférence, elle sera dans les conditions énoncées. Or, il est facile de voir que cette circonférence doit couper la direction de la ligne OO' en deux points, l'un intérieur et l'autre extérieur à la circonférence OA ; elle coupe donc nécessairement cette dernière circonférence.

MESURE DES ANGLES.

THÉORÊME.

70. **Si des sommets O, O' de deux angles AOB, A'O'B' pris pour centres, on décrit avec un même rayon $OA = O'A'$ des arcs AB, A'B', terminés aux côtés de ces angles, le rapport des deux angles est le même que celui des deux arcs.**

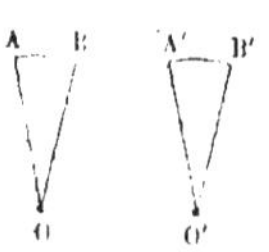

Supposons, d'abord, les deux arcs AB, A'B' égaux entre eux, et montrons que les angles AOB, A'O'B', sont aussi égaux.

Portons, en effet, la figure A'O'B' sur l'autre en plaçant le point O' sur le point O et en donnant à O'A' la direction OA ; ces rayons étant égaux, le point A' tombe sur le point A. L'arc A'B' se dirige donc sur l'arc AB, puisqu'il a même centre et même rayon que lui, et la longueur de ces arcs étant la même, le point B' tombe au point B. Par suite, la ligne O'B' se confond avec OB, et les deux angles A'O'B', AOB, coïncident ou sont égaux.

Dans ce cas, le rapport des angles est évidemment le même que celui des arcs, puisque chacun d'eux est égal à l'unité.

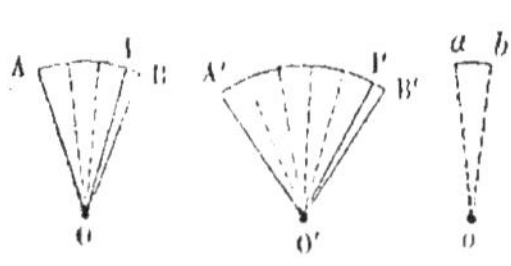

Supposons, en second lieu, les deux arcs inégaux. Pour les comparer, prenons un petit arc *ab* décrit d'un même rayon qu'eux, savoir : $oa = OA = O'A'$. Portons ce petit arc sur AB et sur A'B' autant de fois qu'il est possible de le faire, 3 fois, par exemple, sur AB, et 5 fois sur A'B', jusqu'en I et en I' ; les arcs restants IB, I'B', *sont, chacun, moindres que ab*.

Les arcs commensurables AI, A'I', donnent la relation

$$\frac{AI}{A'I'} = \frac{3 \times \text{arc } ab}{5 \times \text{arc } ab} \text{ ou } \frac{AI}{A'I'} = \frac{3}{5}.$$

Joignons maintenant les sommets O, O', aux divers points de division de AB et de A'B'. Nous formons ainsi, dans AOI et A'O'I', autant d'angles partiels que AI et A'I' contiennent de petits arcs égaux à *ab*, et tous ces angles sont égaux à l'angle *aob* qui correspond à ce petit arc. Les angles commensurables AOI, A'O'I', donnent donc la relation

$$\frac{AOI}{A'O'I'} = \frac{3 \times \text{angle } aob}{5 \times \text{angle } aob} \text{ ou } \frac{AOI}{A'O'I'} = \frac{3}{5}$$

par conséquent

$$\frac{AOI}{A'O'I'} = \frac{AI}{A'I'}$$

Or, cette démonstration est indépendante du degré de petitesse de la commune mesure *ab*. Si l'on suppose à cet arc des dimensions de plus en plus petites, les distances IB, I'B' $<$ *ab*, diminuent de plus en plus ; en attribuant donc à *ab* une valeur moindre que toute quantité imaginable, on rend nulles ces distances, et alors les points I, I', se confondant avec les points B, B', la relation précédente devient

$$\frac{AOB}{A'O'B'} = \frac{AB}{A'B'}$$

71. Un angle a même mesure que l'arc décrit de son sommet comme centre, et compris entre ses côtés.

Représentons par A, A', deux angles, et par *a*, *a'*, les arcs qu'ils comprennent, décrits de leurs sommets comme centres avec un même rayon ; on a, d'après la démonstration précédente,

$$\frac{A}{A'} = \frac{a}{a'}.$$

Si l'on convient de prendre, *simultanément*, l'angle A' pour unité d'angle et l'arc correspondant *a'* pour unité d'arc, cette relation donne

$$\frac{A}{\text{unité d'angle}} = \frac{a}{\text{unité d'arc}} \text{ ou } A = a.$$

Ainsi, un angle A contient l'unité d'angle autant de fois que l'arc compris *a* contient l'unité d'arc, ce qu'on exprime en disant que l'angle a même mesure que l'arc.

REMARQUE. La principale unité d'angle est l'angle droit, et la principale unité d'arc est le quart de la circonférence décrite du même rayon que l'arc : ces deux unités se confondent sous la même dénomination de *quadrant*.

Chaque quadrant se subdivise en 90 parties égales nommées *degrés*, puis chaque degré en 60 *minutes*, et chaque minute en 60 *secondes*. Les degrés, minutes et secondes, s'indiquent par les signes supérieurs °, ′, ″ ; par exemple, un angle de 7 degrés, 32 minutes, 56 secondes et 4 dixièmes, s'écrit $7°32'56'',4$.

La circonférence vaut quatre quadrants ou $360° = 21600' = 1296000''$.

La demi-circonférence vaut deux quadrants ou $180° = 10800' = 648000''$.

Le degré est l'unité d'angle ou d'arc la plus généralement employée dans les sciences d'application.

THÉORÈME.

72. Un angle dont le sommet est sur une circonférence de cercle, a pour mesure la moitié de l'arc compris entre ses côtés.

Ce qui précède montre qu'un angle au centre d'un cercle, a pour mesure l'arc compris entre ses côtés. Proposons-nous d'obtenir la mesure d'un angle dont le sommet est sur la circonférence, ce qui présente deux cas, suivant que l'angle est formé par deux cordes, ou bien par une tangente et une corde.

PREMIER CAS. Soit ACB un angle formé par deux cordes; il peut arriver que le centre O du cercle se trouve sur l'un des côtés, ou qu'il soit situé dans l'intérieur de l'angle, ou qu'il soit tout à fait en dehors.

1° *Le centre O est sur l'un des côtés* CB.

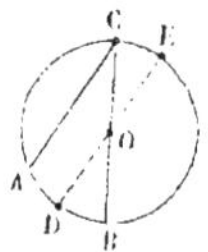

Par le point O, menons une parallèle DE à AC; l'arc CE sera égal à l'arc AD. Les angles opposés au sommet COE, DOB, étant égaux, les arcs CE, DB, qui les mesurent, sont aussi égaux; donc, $DB = AD = \frac{1}{2} AB$.

Or, l'angle ACB est égal à l'angle DOB comme correspondant;

il a donc aussi pour mesure l'arc DB, c'est-à-dire la moitié de l'arc AB compris entre ses côtés.

2° *Le centre* O *est situé dans l'intérieur de l'angle* ACB.

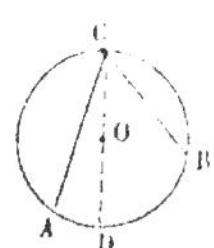

Menant le diamètre CD par le sommet C, on a

$$ACB = ACD + DCB.$$

Mais la mesure de ACD $= \frac{1}{2}$AD, celle de DCB $= \frac{1}{2}$ DB; donc

$$\text{mesure de } ACB = \tfrac{1}{2}AD + \tfrac{1}{2}DB$$
$$= \tfrac{1}{2}(AD + DB)$$
$$= \tfrac{1}{2}AB.$$

3° *Le centre* O *est en dehors de l'angle* ACB.

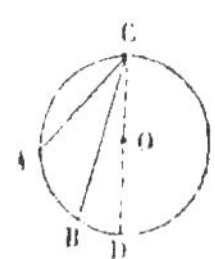

Menant encore le diamètre CD, on a

$$ACB = ACD - DCB$$

et par suite,

$$\text{mesure de } ACB = \tfrac{1}{2}AD - \tfrac{1}{2}DB$$
$$= \tfrac{1}{2}(AD - DB)$$
$$= \tfrac{1}{2}AB.$$

Deuxième cas. Supposons l'angle ACB formé par une tangente AC et une corde CB.

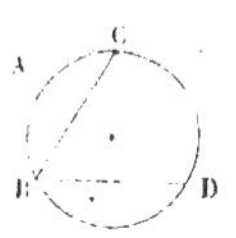

Si l'on mène BD parallèle à AC, l'angle ACB est égal à CBD comme alterne-interne. Or celui-ci a pour mesure la moitié de l'arc CD, ou la moitié de l'arc CB, car ces arcs sont égaux comme interceptés par deux droites parallèles. Donc, encore, l'angle ACB a pour mesure la moitié de l'arc CB compris entre ses côtés.

THÉORÈME.

73. 1° Un angle ACB, dont le sommet C est entre le centre O et la circonférence, a pour mesure la moitié de l'arc AB compris entre ses côtés, augmentée de la moitié de l'arc A'B' compris entre leurs prolongements.

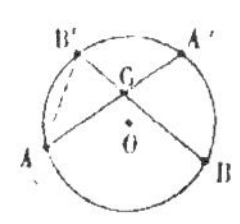

Menons B'A ; l'angle ACB est extérieur au triangle ACB' ; il est donc égal à la somme des angles intérieurs opposés, et l'on a

$$\text{angle } ACB = CB'A + CAB'$$
$$= BB'A + A'AB'$$

par suite

$$\text{mesure de } ACB = \tfrac{1}{2}AB + \tfrac{1}{2}A'B'.$$

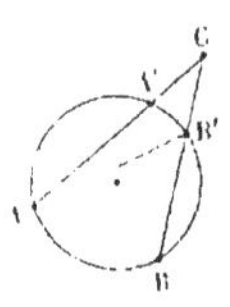

2° Un angle ACB dont le sommet C est hors d'un cercle, et qui est formé par deux sécantes CA, CB de ce cercle, a pour mesure la moitié de l'arc concave AB, moins la moitié de l'arc convexe A′B′.

Si l'on joint AB′, on a

$$\text{angle } AB'B = A + C, \quad \text{d'où } C = AB'B - A,$$

par suite,

$$\text{mesure de l'angle } C = \tfrac{1}{2}AB - \tfrac{1}{2}A'B'$$

Remarque. Les angles dont le sommet est sur une circonférence, sont les *seuls* à avoir pour mesure la moitié de l'arc compris entre leurs côtés. D'après cela, étant donné un segment ABCC′C″A ; les *angles inscrits dans ce segment* tels que ACB, AC′B,... seront tous égaux entre eux, comme ayant pour mesure la moitié de l'arc AB, et aucun autre angle ne pourra les égaler ; ce segment sera donc le lieu géométrique de *tous les angles* ayant pour mesure la moitié de AB.

PROBLÈMES RELATIFS A LA LIGNE DROITE ET AU CERCLE.

74. Usage de la Règle. Pour tracer une ligne droite sur le papier, on se sert d'une *règle* qu'on pose près des deux points par lesquels la ligne doit passer et à égale distance de ces deux points ; on fait ensuite glisser le long de cette règle, soit un crayon, soit une plume ou un tire-ligne, dont la pointe doit être maintenue à cette même distance.

On s'assure qu'une règle est droite, en la regardant en raccourci par un bout, avec un seul œil, et en voyant si l'on n'aperçoit aucune déviation dans toute son étendue.

Pour compléter cette première épreuve, on trace une ligne sur le papier, le long de l'arête qu'on veut vérifier ; puis faisant glisser la règle sur sa face d'appui, de manière à la retourner *bout pour bout* et à faire passer la *même* arête de l'autre côté de la ligne, on trace une nouvelle ligne par deux des points de la première : si l'arête est droite, les deux lignes coïncideront et n'en feront qu'une.

Quand la règle est *plate*, on peut, après le tracé de la première ligne, faire pivoter la règle sur son arête comme sur une charnière et changer ainsi la face d'appui ; traçant une seconde ligne par deux des points de la première, avec la même arête, on double sur le dessin toutes les irrégularités de cette arête.

Lorsqu'on veut tracer une droite d'une certaine longueur, on tend par les deux points, un cordeau enduit d'une matière colorante, qu'on pince ensuite vers son milieu.

Une corde tendue entre deux piquets sert encore à tracer une ligne droite sur le terrain, à l'aide d'un troisième piquet qu'on promène le long de la corde.

Des alignements d'une certaine étendue s'obtiennent au moyen de deux *fils à plomb*, suspendus en deux points de cet alignement; on regarde derrière l'un des fils, de manière à *couvrir* l'autre fil, et l'on fait planter de distance en distance, suivant cette direction, de longs piquets qui prennent le nom de *jalons*.

75. Equerre. *L'équerre* est une règle plate, en forme de triangle, dont les deux bords se coupent à angle droit, ou sont rectangulaires. Son principal usage est d'élever des perpendiculaires sur une droite donnée.

Pour vérifier si une équerre est exacte, on voit d'abord si ses arêtes sont en ligne droite, comme pour les règles ordinaires. On s'assure ensuite que l'angle des deux petits côtés est droit : pour cela, on pose l'un de ses côtés sur une droite et l'on trace une ligne le long du deuxième côté; puis faisant pivoter l'équerre sur le deuxième côté on répète, la même opération au même point de la droite; les deux lignes ainsi tracées doivent se confondre.

76. Compas. Le *compas* ordinaire, destiné au tracé des circonférences, est formé de deux branches mobiles autour d'une charnière et pouvant s'ouvrir à volonté. Pour décrire une circonférence d'un rayon donné, on écarte les deux extrémités du compas, d'une quantité égale à ce rayon ; on *pique* ensuite la *pointe sèche* sur le point désigné pour centre, et l'on fait pivoter autour d'elle l'autre pointe, qui est armée d'un *traçoir*, tel que un *crayon* ou un *tire-ligne*.

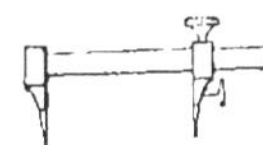

Le *compas à verge* est une règle graduée, en métal, munie d'une pointe fixe faisant corps avec elle. Une seconde pointe est adaptée à une pince mobile, susceptible de glisser à frottement le long de la règle.

Une vis de pression permet d'arrêter cette pince à volonté, et une autre vis de remplacer sa pointe par un traçoir.

Quand on veut décrire une circonférence d'un grand rayon, on emploie un cordeau tendu autour d'une pointe ou d'un piquet, qu'on fait tourner, en lui conservant toujours la même longueur.

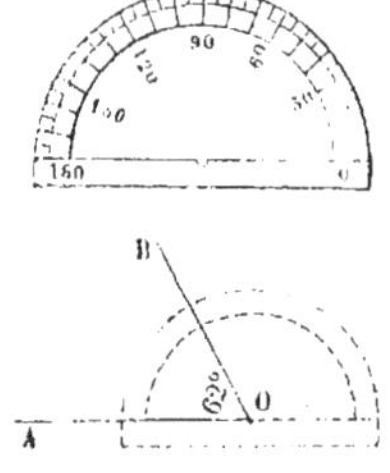

77. Rapporteur. Le *rapporteur* est un instrument qui sert à la mesure des angles ou des arcs sur le papier. Il se compose d'un demi-cercle plein en corne transparente, ou d'un demi-cercle évidé en métal, dont le bord circulaire, appelé *limbe*, est gradué de degré en degré, de 30′ en 30′, quelquefois même de 15′ en 15′ ou de 10′ en 10′, selon ses dimensions : le diamètre correspond aux divisions 0 et 180°.

Soit AOB un angle à mesurer; on place le centre de l'instrument sur le sommet O de l'angle et l'on dirige son diamètre sur l'un des côtés OA ; on lit, ensuite, le nombre de degrés du limbe qu'indique l'autre côté OB, et l'on obtient la mesure demandée, qui sera, par exemple, ici, de 62°.

Veut-on au contraire faire au point O avec la ligne OA un angle d'une grandeur donnée, de 62°, par exemple? On pose le diamètre du rapporteur sur la ligne OA, de manière que son centre tombe au point O. On marque sur le papier un point vis à vis la division 62° du limbe ; puis enlevant le rapporteur, on trace avec la règle une ligne OB, du centre vers ce point ; on obtient ainsi l'angle AOB pour l'angle proposé.

S'il s'agit de la mesure d'un arc tracé, on mène des rayons du centre de l'arc à ses deux extrémités et l'on cherche la valeur de l'angle que comprennent ces rayons.

Pour tracer, au contraire, un arc de 62°, par exemple, dont le centre et le rayon sont donnés, on fait d'abord en ce point un angle de 62°, puis de ce sommet comme centre, avec une ouverture de compas égale au rayon, on décrit un arc terminé aux côtés de l'angle.

PROBLÈME.

78. Élever une perpendiculaire sur le milieu d'une droite donnée AB.

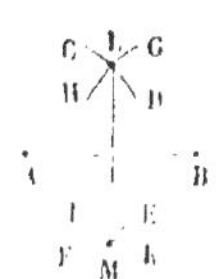

Du point A comme centre, et d'un rayon arbitraire sensiblement plus grand que la moitié de AB, on décrit les arcs CD, EF de différents côtés de AB.

Du point B comme centre, et d'un rayon égal au premier, on décrit deux autres arcs GH, IK qui coupent les deux premiers aux points L, M. Joignant ces deux points par une ligne droite, on a la perpendiculaire demandée.

En effet, ces deux points sont à égales distances des extrémités A et B de la droite ; ils appartiennent donc tous deux à la perpendiculaire élevée sur le milieu de AB, et l'on sait que deux points déterminent une droite.

Il n'est pas nécessaire que les arcs CD et GH qui se coupent d'un côté de la droite AB, soient décrits du même rayon que les arcs EF et IK qui se coupent de l'autre côté ; il suffit que les deux arcs donnant l'intersection L aient le *même* rayon, et qu'il en soit ainsi des deux arcs donnant l'intersection M, quel que soit ce second rayon. Il n'est pas même nécessaire que ces intersections soient de différents côtés de AB.

REMARQUE. Ce problème fournit le moyen de partager une ligne en deux parties égales. Si l'on élève pareillement, une perpendiculaire sur le milieu de chaque partie, on partagera la ligne en quatre parties égales, et de là on pourra passer successivement à 8, à 16,... parties égales.

PROBLÈME.

79. Par un point C pris hors d'une droite AB, abaisser une perpendiculaire sur cette droite.

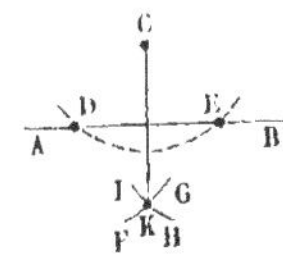

Du point C comme centre, et d'un rayon arbitraire, mais plus grand que la plus courte distance du point C à la droite AB, on décrit un arc de cercle qui coupe la droite AB en deux points D, E. De ces deux points pris successivement comme centres et d'un rayon commun et arbitraire, on décrit du même côté de AB, deux arcs FG, IH qui se coupent en K. Joignant le point K au point C, on a la droite CK pour la perpendiculaire demandée.

PROBLÈME.

80. Par un point donné C d'une droite AB, élever une perpendiculaire sur cette droite.

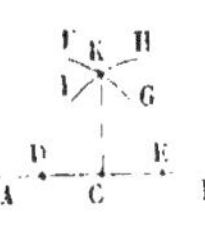

Du point C comme centre et d'un rayon arbitraire, on décrit deux arcs qui coupent la droite AB en deux points D, E. De chacun de ces points, pris successivement pour centres, et d'un même rayon suffisamment grand, on décrit d'un même côté de AB, deux arcs FG, IH, qui se coupent en un point K; joignant CK, on a la perpendiculaire demandée.

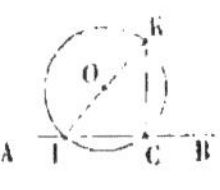

On peut encore employer la construction suivante. D'un point quelconque O, pris en dehors de la ligne, à droite ou à gauche du point C, on décrit avec le rayon OC une circonférence, qui coupe AB en C et en I; on mène le diamètre IOK et joignant l'autre extrémité K, au point C, on a la perpendiculaire élevée en C. En effet, l'angle ICK est droit comme ayant pour mesure la moitié de la demi-circonférence comprise entre ses côtés, ou comme étant inscrit dans un demi-cercle.

Quand il s'agit d'élever une perpendiculaire à l'extrémité C d'une droite AC, le premier procédé pourra être employé, s'il est possible de prolonger la droite. Autrement, on aura recours à la seconde construction.

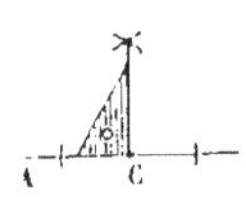

Remarque. L'équerre résout très simplement les deux problèmes qui précèdent. On place une règle le long de la ligne donnée ; on applique contre son arête l'un des côtés rectangulaires de l'équerre, et on fait glisser celle-ci sur le bord de la règle, jusqu'à ce que l'autre côté vienne passer par le point donné; traçant alors une ligne le long de cet autre côté, on décrit la perpendiculaire demandée.

PROBLÈME.

81. Partager un arc ou un angle en 2, 4, 8,.... parties égales.

Soit l'arc AB à diviser en deux parties égales. Des points A et B comme centres, avec des rayons égaux, on trace des arcs qui se coupent, deux à deux, en C et en D ; joignant CD, on a une perpendiculaire sur le milieu de la corde AB, qui doit passer par le centre et divise, par suite, l'arc sous-tendu en deux parties égales au point E.

Considérons, en second lieu, un angle AOB. Du sommet O comme centre, avec un rayon arbitraire, on décrit l'arc AB qui rencontre les côtés de l'angle en A et en B ; on partage ensuite cet arc en deux parties égales au moyen de la ligne CD, qui divise, en même temps, l'angle O en deux autres angles égaux entre eux.

Remarque. Si l'on répète la même opération sur chacune des parties de l'arc ou de l'angle, on divisera l'arc ou l'angle en quatre parties égales, et ainsi de suite.

PROBLÈME.

82. Par un point C, mener une parallèle à une droite AB.

Du point C comme centre, avec un rayon arbitraire suffisamment grand, on décrit un arc qui coupe AB en D; d'un point C′ pris sur AB, comme centre, avec le même rayon, on décrit un arc EF ; puis, ouvrant le compas de la longueur C′D, on décrit du point C comme centre, avec cette ouverture, un arc qui coupe EF en D′ ; on mène enfin CD′, et cette ligne est parallèle à AB. En effet, d'après la construction, C′D′ = CD, CD′ = C′D ; donc, le quadrilatère CDC′D′ est un parallélogramme.

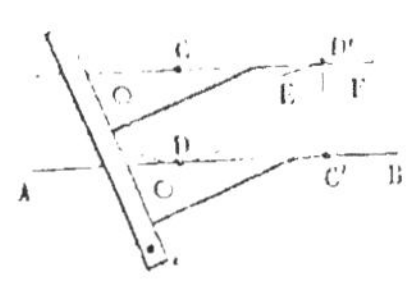

L'arc CD peut être tangent à la droite AB ; la construction reste la même. La ligne CD′ devenant alors tangente à l'arc EF, on se borne souvent, dans la pratique, à faire tourner au point C, une règle, jusqu'à ce qu'elle vienne toucher l'arc EF.

REMARQUE. Si l'on veut se servir d'une équerre, on place, par exemple, l'hypothénuse sur la ligne AB, ainsi que l'indique la figure, et l'on applique une règle contre l'un des côtés. On maintient ensuite la règle immobile d'une main, et, de l'autre, on fait glisser l'équerre, jusqu'à ce que son hypothénuse passe au point C; la nouvelle position de ce côté donne la direction de la parallèle demandée.

PROBLÈME.

83. Au point C d'une droite AB, faire, avec cette droite, un angle égal à un angle donné O.

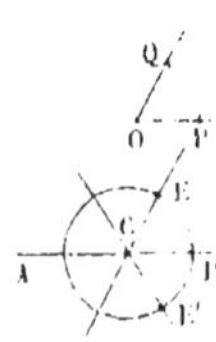

Du point O comme centre, avec un rayon arbitraire, on décrit l'arc PQ, et du point C, avec le même rayon, on décrit une circonférence DEAE'; on prend, entre les branches d'un compas, la longueur de la corde PQ et du point D comme centre, avec cette ouverture, on décrit des arcs qui coupent la circonfence en E et en E'; on mène enfin CE, CE' et les angles DCE, DCE', seront égaux à l'angle O. Car ces angles ont pour mesure les arcs DE, DE' et QP, qui sont eux-mêmes égaux comme sous-tendus par des cordes égales.

En prolongeant les lignes CE, CE', on obtient, de l'autre côté de C, deux autres angles égaux à O.

REMARQUE. Avec un rapporteur, on peut évaluer le nombre de degrés et de parties de degrés que comprend l'angle O, puis faire au point C, avec la ligne AB, des angles de la même valeur.

PROBLÈME.

84. Deux angles A, B, d'un triangle étant donnés, trouver le troisième.

Ce troisième angle étant le supplément de la somme des deux autres, il suffit de faire, autour de ce même point, deux angles successifs égaux à A et B; l'angle formé par le troisième côté et par le prolongement du premier, est l'angle demandé.

PROBLÈME.

85. Étant donnés les trois côtés a, b, c, d'un triangle, construire ce triangle.

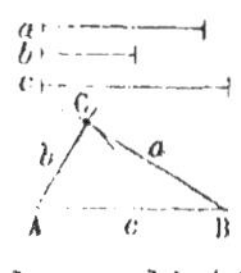

Sur une droite indéfinie, on prend AB $= c$; du point A comme centre, avec un rayon $= b$, on décrit un arc du cercle; du point B comme centre, avec un rayon $= a$, on décrit un autre arc qui coupe le premier en C; menant CA, CB, on a le triangle demandé ACB.

Remarque. Le triangle n'existe qu'autant que les deux arcs se coupent; il faut donc que la distance de leurs centres ou le côté c, soit moindre que la somme des deux autres côtés a, b, et plus grand que leur différence.

PROBLÈME.

86. Étant donnés deux côtés a, b, d'un triangle, et l'angle C qu'ils comprennent, construire le triangle.

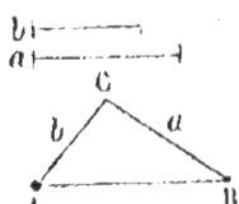

Il suffit de porter sur les côtés de l'angle donné ou d'un angle égal à celui-là, les deux longueurs a, b, et de joindre les extrémités par une ligne droite.

PROBLÈME.

87. Étant donnés deux angles et un côté c d'un triangle, construire ce triangle.

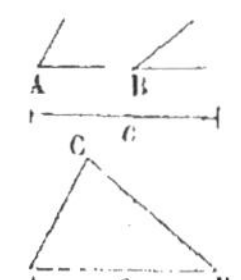

Si les deux angles donnés ne sont pas tous deux adjacents au côté connu c, on cherche d'abord le troisième (**84**). On aura donc le côté c et les deux angles adjacents A, B.

Cela posé, on prend une longueur AB $= c$ et l'on fait à ses extrémités des angles CAB, CBA, égaux aux angles donnés; le triangle ABC est le triangle demandé.

Remarque. Pour que le triangle soit possible, il est évident que la somme des deux angles donnés, doit être moindre que deux droits.

PROBLÈME.

88. Étant donnés deux côtés a, b d'un triangle, et l'angle A opposé à l'un d'eux a, construire le triangle.

Sur l'un des côtés de l'angle A, on prend la longueur AC $= b$; de l'extrémité C, comme centre, avec un rayon égal à a, on décrit un arc de cercle, qui coupe l'autre côté AB en un point B; joignant CB, on a un triangle ACB qui satisfait au problème.

Cela posé, il peut se présenter plusieurs circonstances :

1° Soit $a > b$. Il peut alors arriver que l'angle A soit aigu ou obtus; mais dans les deux cas, l'arc décrit ne coupe le côté AB qu'en un seul point qui soit dans l'*intérieur* de l'angle donné CAB; le triangle CAB est donc le seul à satisfaire au problème.

2° Soit $a = b$. Dans ce cas le triangle est isoscèle et le point B est encore le seul où l'arc coupe le côté AB dans l'*intérieur* de l'angle CAB. L'angle B $=$ A, et par suite l'angle A doit être nécessairement aigu, pour que le triangle soit possible.

3° Soit $a < b$. L'arc coupe alors le côté AB en *deux* points B, B', situés dans l'intérieur de l'angle; il y a donc deux triangles ACB, ACB', qui donnent, chacun, une solution du problème.

L'angle A est moindre que l'angle B; il doit donc être nécessairement aigu pour que les triangles existent.

De plus, l'arc ne coupera le côté AB qu'autant que a sera plus grand que la perpendiculaire CD abaissée du point C sur le côté AB; si $a =$ CD, les deux solutions se réduisent à un seul triangle rectangle ACD; si $a <$ CD les données ne peuvent appartenir à un même triangle et sont dites *incompatibles*.

En résumant cette discussion, on voit qu'il y a deux solutions du problème, dans le seul cas où le côté opposé à l'angle A est moindre que l'autre côté, et plus grand que la perpendiculaire CD abaissée dans l'angle A, angle qui est nécessairement aigu.

Dans toute autre circonstance, il n'y a qu'une seule solution du problème.

PROBLÈME.

89. Décrire une circonférence qui passe par trois points donnés, A, B, C.

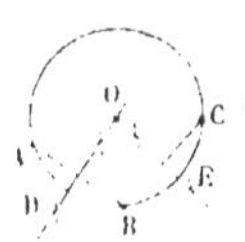

Sur le milieu de la corde AB, on élève une perpendiculaire OD, et sur le milieu de la corde CB, on élève une perpendiculaire OE; du point d'intersection O de ces deux perpendiculaires, comme centre, avec un rayon OA, on décrit une circonférence, qui passe nécessairement au point B, car OB = OA, puis au point C, car OC = OB.

REMARQUE I. La circonférence n'existe qu'autant que les deux perpendiculaires se rencontrent. Or, si les trois points A, B, C, sont en ligne droite, les lignes OD, OE, deviendront des perpendiculaires à une même droite et seront parallèles. Il faut donc que les trois points donnés ne soient pas en ligne droite.

REMARQUE II. Pour avoir le centre d'un arc donné, on prend trois points A, B, C, de cet arc, et on fait la même construction.

REMARQUE III. Si les trois points sont les sommets d'un triangle, la circonférence est dite circonscrite au triangle, ou le triangle inscrit au cercle. On en dit autant de tout polygone dont les sommets sont situés sur une même circonférence.

COROLLAIRE. Un triangle quelconque est évidemment inscriptible à un cercle.

Pour qu'un quadrilatère le soit, il suffit que deux de ses angles opposés soient supplémentaires, d'où résulte que les deux autres angles le sont aussi (**50**). Faisons passer, en effet, une circonférence par trois sommets consécutifs A, B, C de ce quadrilatère; l'angle intermédiaire A B C aura pour mesure la moitié de l'arc A C; la mesure du quatrième angle sera donc la moitié de l'arc ABC, puisqu'il vaut avec l'angle B une demi-circonférence; par suite, le sommet de cet angle sera sur l'arc AC d'après la remarque du nº 73.

PROBLÈME.

90. D'un point extérieur à un cercle, mener une tangente à ce cercle.

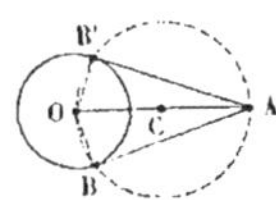

1° Si le point est sur la circonférence même, on trace le rayon qui aboutit à ce point, et on élève une perpendiculaire à ce rayon par son extrémité.

2° Si le point est en dehors de la circonférence en A, on le joint au centre O du cercle, et divisant la droite OA en deux parties égales au point C, on décrit de ce point comme centre, avec le rayon CO, une circonférence qui coupe l'autre aux points B, B'; les droites AB, AB' sont les tangentes demandées.

Si l'on mène, en effet, les cordes OB, OB', l'angle OBA est droit comme ayant pour mesure la moitié d'une demi-circonférence OB'A, et il en est de même de l'angle OB'A.

PROBLÈME.

91. Mener une tangente à deux cercles.

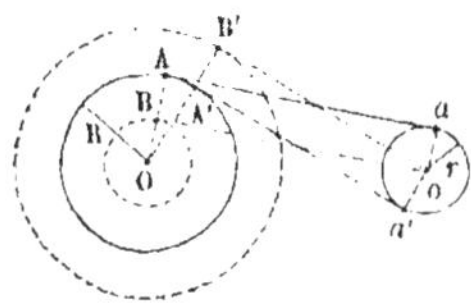

Soient O et o les centres des deux cercles, dont nous représenterons les rayons par R et r.

Du centre O du grand cercle, décrivons successivement deux circonférences, l'une avec un rayon $R - r$ et l'autre avec un rayon $R + r$; menons du centre o du petit cercle, les tangentes oB, oB' à ces circonférences, et du centre O aux points de tangence B, B', les rayons OB, OB', qui seront perpendiculaires sur les tangentes; élevons enfin aux points A, A' où ces rayons viennent couper la circonférence R, les perpendiculaires Aa, A'a'; ces deux droites seront tangentes aux deux cercles donnés.

Pour le démontrer, du centre o, menons les perpendiculaires oa, oa', à ces droites; les quadrilatères oaAB, oa'A'B', sont des rectangles, et l'on a $oa =$ AB, $oa' =$ A'B'; or, par construction, ces deux quantités sont égales à r; donc, les points a, a', sont sur cette petite circonférence, et par conséquent les lignes aA, a'A', sont perpendiculaires aux extrémités des rayons du grand et du petit cercle; elles sont donc tangentes à ces deux cercles.

On peut du centre *o*, mener deux nouvelles tangentes aux circonférences auxiliaires, de l'autre côté de la figure ; on arrive ainsi à deux autres tangentes communes aux deux cercles.

Nous laissons à la sagacité du lecteur, la discussion des cas particuliers qui peuvent se présenter.

PROBLÈME.

92. Sur une droite AB, comme corde, décrire un segment de cercle capable de l'angle donné DCE, c'est-à-dire tel que tous les angles inscrits dans ce segment soient égaux à l'angle DCE.

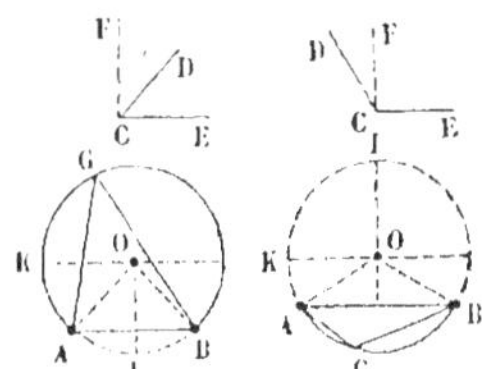

Soit DCF l'angle complémentaire de l'angle donné. Faisons aux extrémités de la droite, des angles BAO, ABO, égaux à cet angle complémentaire, et du point O d'intersection des côtés AO, BO, comme centre, décrivons une circonférence; le segment AGB est le segment demandé.

Considérons, en effet, un angle *quelconque* AGB, inscrit dans ce segment ; il faut prouver qu'il est égal à DCE. Pour cela, concevons, par le centre O, deux droites, l'une OI, perpendiculaire à AB, et l'autre OK, parallèle à cette droite ; l'arc IA = BI est la mesure de l'angle AGB et de l'angle AOI ; ces deux angles sont donc égaux. Or, l'angle AOI a pour complément l'angle AOK = OAB = DCF ; il est donc égal à l'angle donné DCE.

Remarque. Si l'angle DCE approche de plus en plus d'un droit, l'angle DCF diminue, et le point O se rapproche du milieu de la corde AB ; quand l'angle DCE est droit, ce point O est au centre de la ligne, qui est alors un diamètre de la circonférence, et le segment est un demi-cercle.

LIGNES PROPORTIONNELLES.

93. Lignes proportionnelles. Les lignes sont des grandeurs qui peuvent être comparées entre elles, comme toutes les quantités de même nature.

Le rapport de deux lignes est le rapport des deux nombres qui expriment les longueurs de ces lignes, mesurées avec une même unité. Par exemple, si deux lignes M, N, contiennent une unité de longueur u, l'une m fois, l'autre n fois, on aura

$$\frac{M}{N}=\frac{m.u}{n.u}=\frac{m}{n}$$

Quand le rapport de deux lignes est le même que celui de deux autres lignes, ces quatre lignes sont dites *proportionnelles* entre elles. Par exemple, s'il existe entre deux autres lignes M′, N′, le rapport

$$\frac{M'}{N'}=\frac{m}{n}$$

les quatre lignes M, N, M′, N′, sont proportionnelles ou donnent la proportion

$$\frac{M}{N}=\frac{M'}{N'}$$

THÉORÈME.

94. Si deux droites sont coupées par des parallèles, les parties de ces droites, comprises entre les mêmes parallèles, sont proportionnelles entre elles.

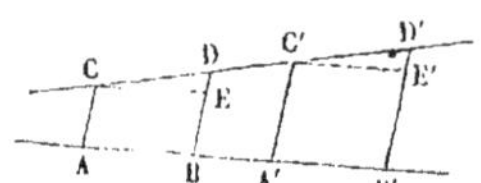

Si l'on considère, par exemple, les parties des droites AB′, CD′, comprises entre les parallèles AC, BD, d'une part, et entre les parallèles A′C′, B′D′, de l'autre, il s'agit de faire voir qu'on a la proportion.

$$\frac{AB}{A'B'}=\frac{CD}{C'D'}$$

1° Admettons d'abord que les longueurs AB, A′B′, de l'une des droites, soient égales. Par les points C, C′, menons les parallèles CE, C′E′, à cette droite ; les deux triangles CED, C′E′D′, seront égaux.

En effet, CE = AB, C′E′ = A′B′, comme côtés opposés de mêmes parallélogrammes ; or, AB = A′B′ ; donc, CE = C′E′. De plus, les angles DCE, D′C′E′, sont égaux, ainsi que les angles CED, C′E′D′, parce qu'ils ont leurs côtés parallèles et dirigés dans le même sens. Les deux triangles ont donc un côté égal adjacent à deux angles égaux, chacun à chacun; ils sont donc égaux, et CD = C'D'. Par suite, on a la proportion évidente

$$\frac{AB}{A'B'} = \frac{CD}{C'D'}$$

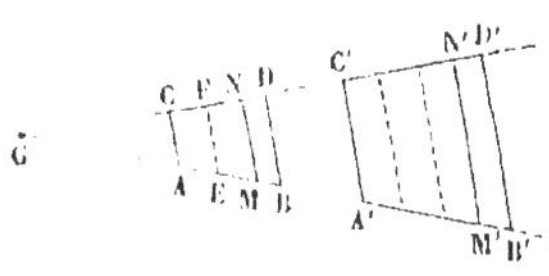

2° Supposons, en second lieu, que AB, A'B', soient dans un rapport quelconque.

Prenons une unité de longueur telle que AE, et portons-la de A vers B, et de A' vers B', le plus grand nombre de fois possible, 2 fois, par exemple, sur AB, et 3 fois sur A'B'; les restes MB, M'B', *seront moindres que* AE. Nous aurons d'abord la relation

$$\frac{AM}{A'M'} = \frac{2AE}{3AE} = \frac{2}{3}$$

Par les points de divisions, concevons des parallèles aux premières droites; d'après ce qu'on vient de voir, aux parties de AB' égales à AE, correspondront des parties de CD' égales à CF; les longueurs CN et C'N' contiendront l'une 2, et l'autre 3 de ces parties; on a donc la relation

$$\frac{CN}{C'N'} = \frac{2CF}{3CF} = \frac{2}{3}$$

de ces deux relations, on tire

$$\frac{AM}{A'M'} = \frac{CN}{C'N'}.$$

Or, la démonstration est indépendante du degré de petitesse de l'unité AE; elle existe donc quand cette unité est moindre que toute grandeur appréciable; alors les distances MB, M'B', s'annulent, et les parallèles MN, M'N', se confondant avec BD, B'D', la proportion précédente devient

$$\frac{AB}{A'B'} = \frac{CD}{C'D'}.$$

Remarque I. Les distances AB, A'B', sont prises quelconques; elles peuvent être superposées et partir toutes deux du même point A, sans que la démonstration soit modifiée. On aura, par exemple, la proportion

$$\frac{AB}{AB'} = \frac{CD}{CD'}.$$

REMARQUE II. Le point A peut se trouver à l'intersection G des deux lignes; le raisonnement est toujours le même et l'on a, par exemple,

$$\frac{GB}{A'B'} = \frac{GD}{C'D'}, \quad \frac{GB}{GB'} = \frac{GD}{GD'} \quad \text{etc.}$$

En un mot, le principe existe dans toute sa généralité.

THÉORÈME.

95. 1° Toute parallèle B'C' à l'un des côtés BC d'un triangle, divise les deux autres en parties proportionnelles.

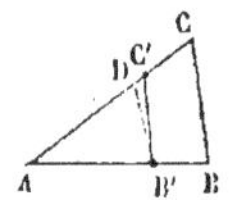

C'est une conséquence immédiate du théorème précédent; il donne

$$\frac{AB'}{B'B} = \frac{AC'}{C'C}, \quad \frac{AB}{AB'} = \frac{AC}{AC'}, \quad \frac{AB}{B'B} = \frac{AC}{C'C}$$

2° Réciproquement, une ligne B'C' qui divise deux côtés AB, AC d'un triangle en parties proportionnelles, est parallèle au troisième côté BC.

Car si B'C' n'était pas parallèle à BC, en menant par B' une parallèle B'D à cette droite, on aurait

$$\left.\begin{array}{ll} & \dfrac{AB'}{B'B} = \dfrac{AC'}{C'C} \text{ par hypothèse} \\ \text{et} & \dfrac{AB'}{B'B} = \dfrac{AD}{DC} \text{ par construction} \end{array}\right\} \text{d'où } \frac{AC'}{C'C} = \frac{AD}{DC}$$

proportion impossible, puisque AC' étant > AD, on devrait aussi avoir C'C > DC.

THÉORÈME

96. 1° La bissectrice AD de l'angle A d'un triangle divise le coté opposé en deux segments BD, DC proportionnels aux côtés AB, AC de l'angle.

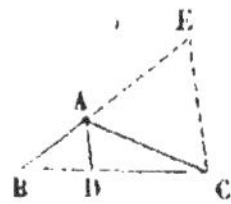

Par le sommet C de l'un des deux autres angles, menons CE parallèle à la bissectrice, jusqu'à sa rencontre avec le côté AB prolongé. AD étant parallèle à EC, il vient

$$\frac{AB}{AE} = \frac{DB}{DC}.$$

Mais dans le triangle ACE, l'angle AEC = BAD comme correspondant; l'angle ACE = CAD comme alterne-interne; or, par hypothèse, l'angle DAB = DAC; donc, l'angle AEC = ACE et le triangle ACE est isoscèle, c'est-à-dire, AE = AC. La proportion devient donc

$$\frac{AB}{AC}=\frac{DB}{DC}.$$

2° **Réciproquement, si cette proportion existe, AD est bissectrice de l'angle BAC.**

Faisant la même construction, on a $\frac{AB}{AE}=\frac{BD}{DC}$; donc AE = AC par la comparaison des proportions; par suite, l'angle AEC = ACE; mais l'angle AEC = BAD et l'angle ACE = DAC; donc les angles DAB, DAC sont égaux, et la droite AD est bissectrice de l'angle A.

SIMILITUDE DES POLYGONES.

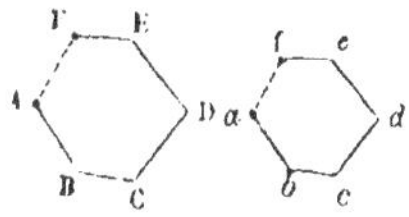

97. Polygones semblables. Soient deux lignes brisées ABCDEF, *abcdef* d'un même nombre de côtés; on peut les concevoir telles que leurs côtés successifs soient proportionnels entre eux, et que les angles compris soient égaux chacun à chacun; c'est-à-dire telles qu'on ait

$$\frac{AB}{ab}=\frac{BC}{bc}=\frac{CD}{cd}=\frac{DE}{de}=\frac{EF}{ef} \text{ et } B=b,\ C=c,\ D=d,\ E=e.$$

Si l'on joint AF et *af*, on obtient ce qu'on appelle deux *polygones semblables*. Nous définirons donc les polygones semblables, *des polygones d'un même nombre* m *de côtés, qui ont* m — 1 *côtés successifs proportionnels, comprenant* m — 2 *angles égaux chacun à chacun.*

On donne le nom de *côtés homologues*, aux côtés qui se correspondent dans les deux polygones.

THÉORÈME.

98. Deux polygones semblables ont tous leurs angles égaux chacun à chacun, et tous leurs côtés homologues proportionnels.

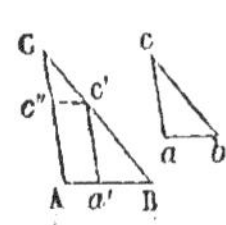

1° *Considérons d'abord les polygones les plus simples, c'est-à-dire, deux triangles* ABC, *abc*.

D'après la définition qui précède, *les deux triangles sont semblables, s'ils ont deux côtés proportionnels comprenant un angle égal*. Supposons donc qu'on ait

$$\frac{AB}{ab} = \frac{BC}{bc} \text{ et } B = b$$

Prenons sur AB une longueur $Ba' = ba$, et par le point a' menons $a'c'$ parallèle à AC ; nous aurons par des propriétés connues,

d'une part angle $Ba'c' = A$, angle $Bc'a' = C$,

de l'autre $\frac{AB}{a'B} = \frac{BC}{Bc'}$ ou bien $\frac{AB}{ab} = \frac{BC}{Bc'}$ puisque $a'B = ab$.

Cette dernière proportion rapprochée de la première montre que $Bc' = bc$.

Les deux triangles $a'Bc'$, abc, ont donc un angle égal $B = b$, compris entre deux côtés égaux chacun à chacun ; ils sont donc égaux et donnent

$$\text{angle } Ba'c' = a, \quad \text{angle } Bc'a' = c, \quad a'c' = ac,$$

par conséquent $A = a$, $C = c$ et *tous les angles sont égaux chacun à chacun*.

Menons maintenant $c'c''$ parallèle à AB ; Ac'' et $a'c'$, sont des lignes égales comme côtés opposés d'un même parallélogramme, et par suite $Ac'' = ac$. On a d'ailleurs la proportion

$$\frac{BC}{Bc'} = \frac{AC}{Ac''}, \text{ c'est-à-dire } \frac{BC}{bc} = \frac{AC}{ac} \text{ puisque } Bc' = bc \text{ et } Ac'' = ac,$$

ainsi $\frac{AB}{ab} = \frac{BC}{bc} = \frac{AC}{ac}$ ou *les trois côtés sont proportionels.*

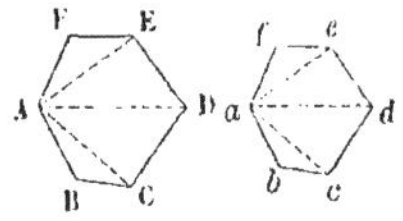

2° *Soient deux polygones semblables quelconques* ABCDEFA, abcdefa, *tels qu'on ait*

$$\frac{AB}{ab} = \frac{BC}{bc} = \frac{CD}{cd} = \frac{DE}{de} = \frac{EF}{ef}$$

$$\text{et } B = b, C = c, D = d, E = e.$$

Des sommets A, a menons des diagonales à tous les sommets non adjacents ; nous décomposerons les deux polygones en une suite de triangles semblables chacun à chacun ; en effet :

Les deux triangles ABC, *abc*, sont semblables, car on a

$$\frac{AB}{ab} = \frac{BC}{bc} \quad \text{et } B = b$$

Par suite, ils donnent

$$\frac{BC}{bc} = \frac{AC}{ac} \quad \text{et angle } BCA = bca$$

mais on a

$$\frac{BC}{bc} = \frac{CD}{cd} \quad \text{et angle } BCD = bcd$$

donc $\frac{AC}{ac} = \frac{CD}{cd}$ et $BCD - BCA = bcd - bca$ ou $ACD = acd$.

Ainsi, les deux triangles ACD, *acd*, sont semblables.

A l'aide de ces deux triangles, on démontre, par le même raisonnement, la similitude des triangles suivants ADC, *adc*, qui conduisent, à leur tour, à la similitude des triangles extrêmes AFE, *afe*.

Tous les angles de ces triangles semblables sont égaux chacun à chacun ; or les angles des polygones se composent d'un même nombre d'angles homologues : donc

Tous les angles des polygones semblables sont égaux chacun à chacun.

D'autre part, la similitude des deux triangles extrêmes donne la proportion.

$\frac{EF}{ef} = \frac{FA}{fa}$; on a donc $\frac{AB}{ab} = \frac{BC}{bc} = \ldots\ldots = \frac{EF}{ef} = \frac{FA}{fa}$; c'est-à-dire

Tous les côtés homologues sont proportionnels.

THÉORÈME.

99. Deux triangles qui ont leurs angles égaux, chacun à chacun, sont semblables.

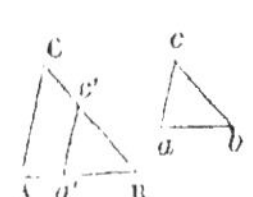

Nous supposons $A = a$, $B = b$, $C = c$.

Sur AB, prenons $Ba' = ba$, et par le point a', menons, parallèlement à AC, la ligne $a'c'$, qui donne

$$\frac{AB}{a'B} = \frac{CB}{c'B}.$$

Les deux triangles ABC, $a'Bc'$, ont un angle B égal, compris entre deux côtés proportionnels ; ils sont donc semblables.

Or, $A = a'$, et, par conséquent, $a' = a$; ainsi, les deux triangles $a'Bc'$, abc, sont égaux, comme ayant un côté égal $a'B = ab$, adjacent à deux angles égaux, chacun à chacun ; et puisque le triangle $a'Bc'$ est semblable à ABC, il en est de même de son égal abc.

Remarque. Deux triangles qui ont deux angles égaux, chacun à chacun, sont semblables.

Deux triangles rectangles qui ont un angle aigu égal, sont semblables.

THÉORÈME.

100. Deux triangles qui ont leurs trois côtés proportionnels, sont semblables.

Soit $$\frac{AB}{ab} = \frac{BC}{bc} = \frac{AC}{ac}.$$

Prenons toujours $a'B = ab$, et menons $a'c'$ parallèle à AC ; les deux triangles ABC, $a'Bc'$ sont semblables, d'après ce qu'on vient de voir ou comme ayant leurs angles égaux, et l'on déduit de leur similitude

$$\frac{AB}{a'B} = \frac{BC}{c'B} = \frac{AC}{a'c'} \text{ ou } \frac{AB}{ab} = \frac{BC}{c'B} = \frac{AC}{a'c'}.$$

Cette suite de rapports, comparée à la première, donne

$$\frac{BC}{c'B} = \frac{BC}{bc}, \quad \frac{AC}{a'c'} = \frac{AC}{ac}; \quad \text{donc } c'B = bc, \ a'c' = ac.$$

Ainsi, les triangles $a'Bc'$, abc, sont égaux comme ayant leurs trois côtés égaux, chacun à chacun ; et puisque $a'Bc'$ est semblable à ABC, il en est de même de son égal abc.

THÉORÈME.

101. Deux triangles qui ont leurs côtés parallèles ou perpendiculaires, chacun à chacun, sont semblables.

Soient A, B, C, les trois angles de l'un des triangles, et a, b, c, ceux de l'autre ; on aura

$$A + B + C = 2 \text{ droits}$$
$$a + b + c = 2 \text{ droits}$$
d'où $$A + a + B + b + C + c = 4 \text{ droits}.$$

Cela posé, les angles respectifs, ayant leurs côtés parallèles ou perpendiculaires, sont, ou égaux ou supplémentaires. Or, on ne peut avoir à la fois $A + a = 2$ droits, $B + b = 2$ droits, $C + c = 2$ droits, car leur somme serait égale à 6 droits. On ne peut même avoir deux de ces égalités, car leur somme donnerait, par exemple, $A + a + B + b = 4$ droits, ce qui rendrait nulle la somme $C + c$ des troisièmes angles.

Ainsi, deux angles de l'un des triangles sont nécessairement égaux à deux angles de l'autre ; par suite, les troisièmes angles sont aussi égaux, et les triangles sont semblables (99).

Remarque. Les côtés *homologues* des triangles sont les côtés parallèles ou perpendiculaires.

THÉORÈME.

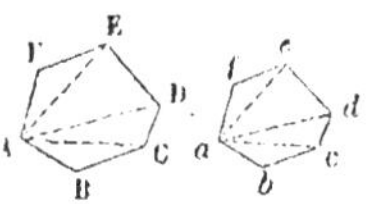

102. 1° Deux polygones semblables peuvent se décomposer en un même nombre de triangles semblables, chacun à chacun, et semblablement disposés.

Cette proposition a été démontrée N° 98.

2° Réciproquement, deux polygones ABCDEF, *abcdef*, qu'on peut décomposer en un même nombre de triangles semblables et semblablement disposés, sont semblables.

D'abord, les angles homologues des polygones sont égaux chacun à chacun, comme angles homologues des triangles semblables, tels que B, *b*, ou comme sommes des mêmes angles homologues de ces triangles, tels que D, *d*.

Les triangles semblables ABC, *abc*, donnent $\frac{AB}{ab} = \frac{BC}{bc} = \frac{AC}{ac}$.

Les triangles suivants ACD, *acd*, donnent $\frac{AC}{ac} = \frac{CD}{cd} = \frac{AD}{ad}$, etc.

de là $$\frac{AB}{ab} = \frac{BC}{bc} = \frac{CD}{cd} \cdots = \frac{EF}{ef} = \frac{FA}{fa}.$$

Les polygones sont donc semblables.

THÉORÈME.

103. Le rapport des périmètres de deux polygones semblables ABCDEF, *abcdef*, est le même que celui de deux côtés homologues quelconques.

En effet, les polygones étant semblables, on a

$$\frac{AB}{ab} = \frac{BC}{bc} = \frac{CD}{cd} = \ldots = \frac{FA}{fa}$$

$$\text{ou} = \frac{AB + BC + CD + \ldots + FA}{ab + bc + cd + \ldots + fa}$$

en vertu d'une propriété connue d'une suite de rapports égaux.

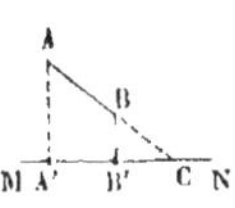

104. Projection d'une droite. On appelle *projection* d'une droite AB, sur une autre droite MN, la portion A'B' de cette autre droite, comprise entre les pieds des perpendiculaires abaissées des extrémités A, B, sur MN. La projection de AC serait A'C.

THÉORÈME.

105. Si du sommet A de l'angle droit d'un triangle rectangle ABC, on abaisse, sur l'hypoténuse, la perpendiculaire AD,

1° Cette perpendiculaire est moyenne proportionnelle entre les deux segments BD, DC, de l'hypoténuse, c'est-à-dire entre les projections des côtés de l'angle droit sur l'hypoténuse.

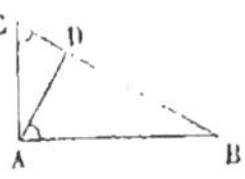

Les deux triangles rectangles ABD, ADC, sont semblables, comme ayant un angle aigu égal de part et d'autre : l'angle aigu B, par exemple, est égal à l'angle DAC, car BA est perpendiculaire à AC, et BD à AD. Le côté BD du premier triangle a, pour côté homologue, AD dans le second; et le côté AD, du premier triangle, a, pour homologue, CD dans le second : il vient donc

$$\frac{BD}{AD} = \frac{AD}{DC} \text{(1)} \quad \text{ou} \quad \overline{AD}^2 = BD \times DC.$$

2° Chaque côté de l'angle droit est moyen proportionnel entre l'hypoténuse entière et le segment adjacent, ou sa projection sur l'hypoténuse.

Chacun des triangles partiels est semblable au triangle total :

(1) Il est inutile de remarquer que, sous cette forme, les côtés d'un triangle pourraient être évalués avec une unité linéaire, et les côtés de l'autre triangle avec une unité différente. Mais alors les deux valeurs de AD ne seraient plus exprimées par le même nombre, et la formule $\overline{AD}^2 = BD \times DC$ cesserait d'être exacte, ou même n'aurait plus de sens. Aussi, dans ce qui suit, supposerons-nous que toutes les lignes sont exprimées en fonction de la même unité, telle que le mètre, par exemple.

par exemple, ABD est semblable à ABC, car l'angle aigu B leur est commun. Les côtés BC, AB, du triangle ABC, ont, pour homologues, les côtés AB, BD, du triangle BAD, opposés à des angles égaux, et l'on a

$$\frac{BC}{AB}=\frac{AB}{BD} \quad \text{ou} \quad \overline{AB}^2 = BC \times BD.$$

Les triangles ABC ADC, donnent de même

$$\frac{BC}{AC}=\frac{AC}{CD} \quad \text{ou} \quad \overline{AC}^2 = BC \times CD.$$

APPLICATIONS. On suppose $BD = 0^{mèt},30$, $DC = 0^{m},45$; on obtient $BC = 0^{m},75$, puis

$$\overline{AD}^2 = 0^{m},30 \times 0^{m},45 = 0,1350; \quad AD = \sqrt{0,1350} = 0,3674;$$
$$\overline{AB}^2 = 0^{m},75 \times 0^{m},30 = 0,2250; \quad AB = \sqrt{0,2250} = 0,4743;$$
$$\overline{AC}^2 = 0^{m},75 \times 0^{m},45 = 0,3375; \quad AC = \sqrt{0,3375} = 0,5809.$$

THÉORÈME.

106. Le carré du nombre qui exprime la longueur de l'hypoténuse BC d'un triangle rectangle ABC, est égal à la somme des carrés des nombres qui expriment les longueurs des côtés AB, AC, de l'angle droit A.

Nous venons de trouver, en effet,

$$\overline{AB}^2 = BC \times BD$$
$$\overline{AC}^2 = BC \times CD$$

d'où, par addition, $\overline{AB}^2 + \overline{AC}^2 = BC \times (BD + DC) = \overline{BC}^2$.

APPLICATION. Supposons $AB = 0^{mèt},3$, $AC = 0^{m},4$: il vient

$$\overline{BC}^2 = 0,09 + 0,16 = 0,25 \quad \text{et} \quad BC = \sqrt{0,25} = 0^{mèt},5.$$

THÉORÈME.

107. Le carré du côté BC opposé à un angle *aigu* A, dans un triangle ABC, est égal à la somme des carrés des deux autres côtés AC, AB, *moins* deux fois le produit de l'un d'eux AB, par la projection AD de l'autre côté AC sur celui-là.

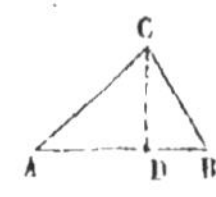

1° Si la perpendiculaire CD tombe en dedans du triangle, on a

$$\overline{BC}^2 = \overline{CD}^2 + \overline{DB}^2$$

ou remplaçant DB par AB — AD,

$$\overline{BC}^2 = \overline{CD}^2 + (AB - AD)^2$$

c'est-à-dire en développant le carré de (AB—AD),

$$\overline{BC}^2 = \overline{CD}^2 + \overline{AB}^2 + \overline{AD}^2 - 2AB.AD,$$

ou remarquant que $\overline{CD}^2 + \overline{AD}^2 = \overline{AC}^2$,

$$\overline{BC}^2 = \overline{AB}^2 + \overline{AC}^2 - 2AB.AD.$$

2° Si la perpendiculaire tombe en dehors du triangle, il vient

$$\begin{aligned}\overline{BC}^2 &= \overline{CD}^2 + \overline{BD}^2\\ &= \overline{CD}^2 + (AD - AB)^2\\ &= \overline{CD}^2 + \overline{AD}^2 + \overline{AB}^2 - 2AB.AD\\ &= \overline{AC}^2 + \overline{AB}^2 - 2AB.AD.\end{aligned}$$

THÉORÈME.

108. Le carré du côté opposé BC à un angle *obtus* A, dans un triangle ABC, est égal à la somme des carrés des deux autres côtés AC, AB, *plus* deux fois le produit de l'un d'eux AB, par la projection AD de l'autre côté AC sur celui-là.

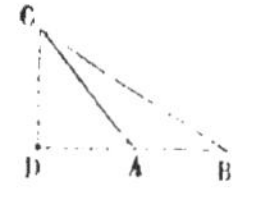

On a successivement,

$$\begin{aligned}\overline{BC}^2 &= \overline{CD}^2 + \overline{BD}^2\\ &= \overline{CD}^2 + (AD + AB)^2\\ &= \overline{CD}^2 + \overline{AD}^2 + \overline{AB}^2 + 2AD.AB\\ &= \overline{AC}^2 + \overline{AB}^2 + 2AB.AD.\end{aligned}$$

THÉORÈME.

109. Si d'un point M pris dans le plan d'un cercle, on mène des sécantes telles que MA, le produit MA × MB des distances de ce point aux deux points d'intersection de chaque sécante avec la circonférence, est constant, quelle que soit la direction de la sécante.

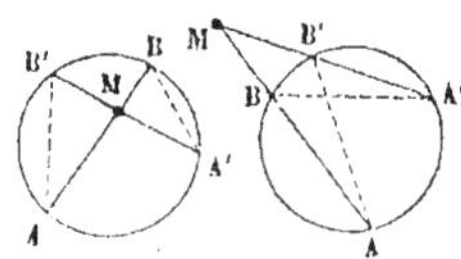

Considérons une deuxième sécante quelconque MA' ; si l'on mène les cordes AB', A'B, on obtient deux triangles MAB', MA'B, qui ont deux angles égaux chacun à chacun, d'abord l'angle M, puis l'angle MAB′ = MA′B, puisqu'ils ont pour mesure la moitié du même arc BB′. Les deux triangles sont donc semblables et donnent la proportion

$$\frac{MA}{MA'} = \frac{MB'}{MB} \text{ d'où } MA \times MB = MA' \times MB'.$$

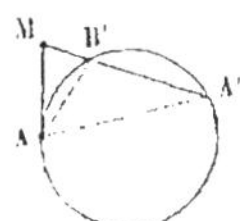

Remarque. L'une des sécantes, MA par exemple, peut devenir tangente, ce qui a lieu quand les deux points A et B se confondent ou que MA = MB. La relation supérieure devient alors

$$\frac{MA}{MA'} = \frac{MB'}{MA} \text{ d'où } \overline{MA}^2 = MA' \times MB'.$$

La comparaison directe des triangles MAA′, MAB′, conduit au même résultat. Ces triangles ont, en effet, l'angle M commun, et l'angle MAB′ = MA′A, comme ayant pour mesure la moitié du même arc AB′; ils sont donc semblables et donnent la relation qui précède.

Cette proposition s'énonce comme il suit :

La tangente MA *est moyenne proportionnelle entre une sécante entière* MA′ *et sa partie extérieure* MB′.

PROBLÈMES.

PROBLÈME.

110. Diviser une droite donnée en un nombre quelconque de parties égales.

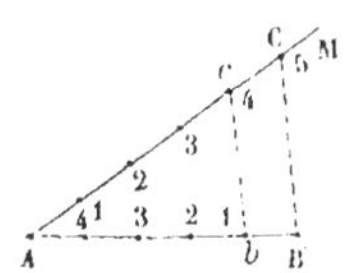

Supposons, par exemple, qu'on veuille diviser la droite AB en cinq parties égales. Par l'une de ses extrémités A, traçons une droite indéfinie AM et portons sur cette ligne, à partir du point A, cinq longueurs égales, choisies arbitrairement. Joignons la cinquième division C à l'autre extrémité B, et par la quatrième division *c* menons *cb* parallèle à CB ; B*b* est la cinquième partie de AB. Il vient en effet,

$$\frac{Bb}{AB} = \frac{Cc}{AC} = \frac{Cc}{5Cc} = \frac{1}{5} \text{ d'où } Bb = \tfrac{1}{5}AB.$$

Portant donc Bb de B vers A, on obtient les cinq parties égales de AB.

Voici une seconde construction qui dispense de tracer une parallèle.

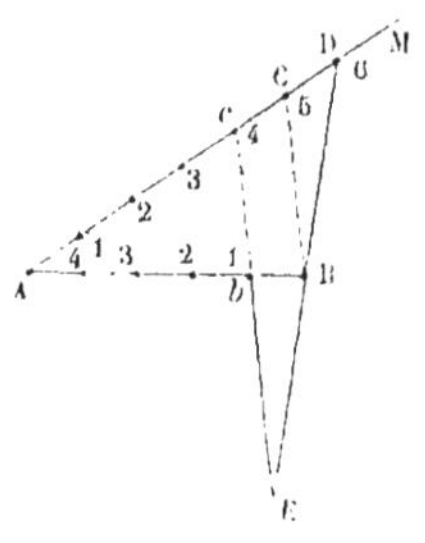

Sur la droite auxiliaire AM, on porte six longueurs égales (une de plus que le nombre de parties demandées). Joignant la sixième division D à l'extrémité B, on prolonge la droite DB d'une quantité BE égale à elle-même, et l'on joint le point E à la quatrième division c : la partie Bb interceptée sur la droite AB est la cinquième partie de cette ligne.

Pour le démontrer, joignons le point B à la cinquième division C de AM; puisque DB est la moitié de DE et que DC est la moitié de Dc, la ligne CB est parallèle à cE ou à cb ; il en résulte donc, comme plus haut, que AB contient 5 fois Bb.

Remarque. Ce problème permet d'obtenir une fraction quelconque d'une droite donnée ; si l'on veut, par exemple, les $\frac{7}{9}$ de la ligne, on la divise en neuf parties égales et l'on prend la longueur de 7 de ces parties.

PROBLÈME.

111. Construire une échelle de parties égales.

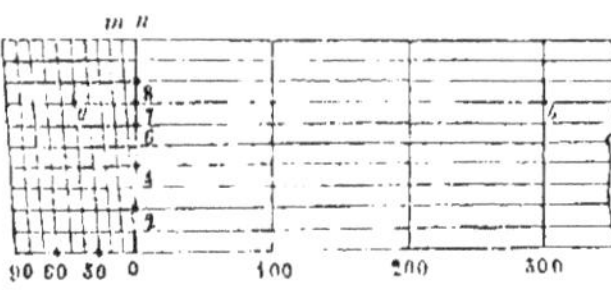

On se propose, par exemple, de construire une échelle donnant les dixièmes de millimètres ou les *déci-millimètres*.

On trace une ligne droite, sur laquelle on porte, à droite d'un point qu'on marque zéro, des distances égales à un centimètre (qui vaudront chacune dix millimètres ou 100 *déci-millimètres*), puis à gauche du même point, 9 longueurs égales à 1 millimètre (qui vaudront chacune 10 *déci-millimètres*). On numérote ces divisions ainsi que l'indique la figure.

Par les divisions 0, 100, 200,..... on mène des droites parallèles entre elles, ou plus simplement, des perpendiculaires à la première droite. Sur deux de ces parallèles, 0 et 300, par exemple, on prend dix longueurs égales arbitraires, et l'on joint ces points de division deux à deux par des parallèles à la première droite.

On numérote de zéro à 10, la perpendiculaire *on* de la division zéro.

A gauche de l'extrémité *n* de cette perpendiculaire, on porte dix longueurs égales à 1 millimètre, puis on joint la *première* division supérieure *m* à la division inférieure zéro, par une *transversale*, et l'on en fait autant pour toutes les autres divisions à gauche.

On remarquera que la division *mn* étant de 10 *déci-millimètres*, les divisions comprises entre les droites *om* et *on*, à partir du point *o*, seront successivement égales à 1, à 2, à 3..... *déci-millimètres;* d'où vient la graduation que nous leur avons affectée sur la figure.

L'échelle ainsi construite présente deux questions à résoudre.

1° Prendre sur l'échelle une longueur exprimée en unités de cette échelle.

On demande, par exemple, la longueur représentée par 347 déci-millimètres. On pose une o compas *à gauche* de 0, sur la division 40, et on la fait glisser sur cette transversale jusqu'à la hauteur de la division 7, au point *a* (la longueur *a*7 sera de 47 déci-millimètres).

On ouvre ensuite le compas jusqu'à ce que l'autre pointe, maintenue d'ailleurs *à la même hauteur*, se trouve sur la perpendiculaire de la division 300, en *b*; on obtient ainsi *ab* pour la longueur demandée.

2° Réciproquement, évaluer en unités de l'échelle la longueur d'une droite donnée.

On prend la ligne donnée entre les branches d'un compas, et l'on porte cette ouverture sur la ligne inférieure de l'échelle, de manière que l'une des pointes tombant exactement sur une des divisions 100, 200, 300,... l'autre se trouve en même temps entre les divisions 0 et 90; et on obtient ainsi immédiatement les centaines et les dizaines du nombre demandé.

On fait ensuite monter le compas *parallèlement* à lui-même, en maintenant la première pointe sur la même perpendiculaire, jusqu'à ce que la seconde pointe rencontre la *première* transversale qu'elle avait *à sa droite ;* le chiffre correspondant de la perpendiculaire *no* fait connaître les unités.

Remarque. L'utilité des échelles est continuelle dans les tracés graphiques ; celle que nous venons de construire suffit pour indiquer la marche à suivre lorsqu'on adoptera toute autre unité que les déci-millimètres.

Il est rare que les objets puissent être reproduits avec leurs dimensions réelles ; on convient alors de représenter l'unité naturelle qui sera, par exemple, le mètre, soit par un décimètre, soit par un centimètre, un millimètre ou un déci-millimètre. On dit alors que l'échelle est réduite au

$$\frac{1}{10^e}, \text{ au } \frac{1}{100^e}, \text{ au } \frac{1}{1000^e}, \text{ ou au } \frac{1}{10000^e}.$$

L'échelle que nous avons construite peut servir dans ces différents cas. Veut-on, par exemple, que les mètres soient représentés par des millimètres ? Les unités de notre échelle, qui sont des déci-millimètres, devront tout simplement être regardées comme des dixièmes de l'unité conventionnelle.

112. Description du Vernier.

Quand une règle, droite ou circulaire, est divisée en parties égales, on peut évaluer des fractions beaucoup plus petites de ces parties, au moyen d'un instrument ingénieux qui porte le nom de son inventeur *Vernier.*

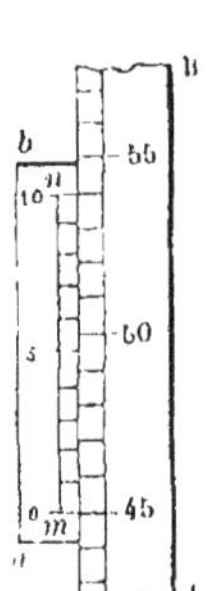

Soit AB une portion de cette règle graduée ou de ce *limbe ;* les divisions successives sont numérotées de distance en distance, de sorte qu'on peut lire à première vue le rang que chacune d'elles occupe sur la règle. Supposons qu'on veuille évaluer la $\frac{1}{10}$ partie de ces divisions.

Concevons une petite règle auxiliaire *ab* pouvant glisser le long de la grande. Sur cette réglette marquons une longueur *mn* embrassant $10 - 1 = 9$ divisions du limbe, et partageons cette longueur en dix parties égales, que nous numéroterons de zéro à 10, dans le même sens que la graduation du limbe. Chacune de ces nouvelles divisions vaudra évidemment $\frac{9}{10}$ d'une division du limbe, de sorte que *la différence entre une division du limbe et une division du Vernier, sera $\frac{1}{10}$ de celle du limbe.* Par suite, si le trait 0 du vernier, nommé index, coïncide, par exemple, avec le trait 45 du limbe, la distance du trait 1 du vernier au trait 46 du limbe, sera égale à $\frac{1}{10}$ de la division du limbe ; celle du trait 2 du vernier au trait 47 du limbe, sera égale à $\frac{2}{10}$; et ainsi de suite.

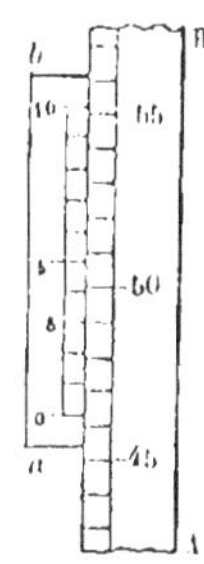

Admettons maintenant que le trait 0 du vernier, qui porte le nom d'*index* ou de *ligne de foi*, tombe entre deux traits consécutifs 46 et 47 du limbe, et montrons qu'on peut apprécier la distance de l'index au trait inférieur 46 du limbe, en dixièmes de la division du limbe.

Cherchons, pour cela, le trait du vernier qui se trouve à coïncider avec un des traits du limbe ; supposons, par exemple, que le trait 3 du vernier s'aligne exactement avec le trait 49 du limbe. Le trait 2 est, par suite, en avance sur 48 de $\frac{1}{10}$ de la division du limbe ; le trait 1 est en avance sur 47 de $\frac{1}{10}$ de plus, ou de $\frac{2}{10}$, et enfin l'index 0 est en avance sur 46 de $\frac{3}{10}$. Ainsi, *en regardant le numéro du trait du vernier qui coïncide avec un des traits du limbe, on a le nombre de dixièmes dont l'index est en avance sur le trait immédiatement inférieur du limbe.*

Dans le cas actuel, la division du limbe qui répond à l'index est 46,3 ; de sorte que si les divisions du limbe sont des millimètres, par exemple, on aura 463 déci-millimètres ; si les divisions du limbe, supposé circulaire, étaient des degrés, on aurait 46°,3 ou 46°18′ parce que chaque dixième de degré est égal à 6′.

Quand aucun trait du vernier ne s'aligne exactement avec un de ceux du limbe, on reconnaît que deux traits consécutifs du vernier sont compris entre deux traits consécutifs du limbe, et l'on prend alors la moyenne de leurs indications.

Remarque. Si au lieu de 9 divisions, on faisait embrasser au vernier 19, 29, 39... divisions du limbe, et si on le divisait lui-même en 20, 30, 40... parties égales, on pourrait évaluer les vingtièmes, trentièmes, quarantièmes... de la division du limbe, ainsi qu'on le verrait par le même raisonnement.

On comprend, toutefois, que l'épaisseur des traits ne permet pas de dépasser une certaine limite, lors même qu'on donne au tracé toute la finesse possible, en ayant recours, pour le distinguer, à des loupes grossissantes.

5

PROBLÈME.

113. Diviser une droite donnée AB en parties proportionnelles à des lignes données p, q, r.

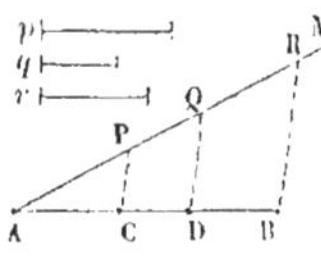

Menons, par le point A, la droite indéfinie AM, et portons les lignes p, q, r, sur cette droite de A en P, de P en Q et de Q en R. Si l'on joint RB et si l'on mène par les points P et Q des parallèles à cette ligne, on divisera la droite AB aux points C, D, en parties proportionnelles à p, q, r.

On a, en effet,

$$\frac{AC}{AP}=\frac{CD}{PQ}=\frac{DB}{QR}, \quad \text{ou bien} \quad \frac{AC}{p}=\frac{CD}{q}=\frac{DB}{r}.$$

Remarque. Si l'on voulait partager la ligne AB en parties proportionnelles à des nombres donnés, 5, 3, 4, par exemple, on prendrait AP $=$ 5 fois une unité linéaire arbitraire, PQ $=$ 3 fois la même unité et QR $=$ 4 fois cette unité ; puis, on terminerait comme ci-dessus.

PROBLÈME.

114. Trouver une quatrième proportionnelle à trois lignes données p, q, r.

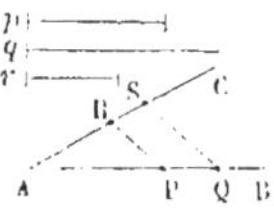

On trace deux droites indéfinies AB, AC, partant d'un même point A ; on prend, sur AB, les deux longueurs AP $= p$, AQ $= q$, et, sur AC, la longueur AR $= r$; joignant PR et menant, par le point Q, une parallèle à PR, on obtient AS pour la quatrième proportionnelle demandée.

Il vient, en effet,

$$\frac{AP}{AQ}=\frac{AR}{AS} \text{ ou } \frac{p}{q}=\frac{r}{AS}.$$

Remarque. Si $r = q$, la droite AS est une troisième proportionnelles aux lignes p et q.

PROBLÈME.

115. Trouver une moyenne proportionnelle à deux lignes données p, q.

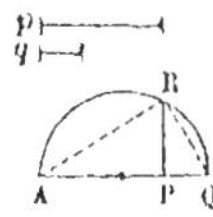

PREMIÈRE SOLUTION. Sur une droite indéfinie, on prend $AP = p$, $PQ = q$, et, sur la ligne AQ, comme diamètre, on décrit une demi-circonférence ; élevant une perpendiculaire, par le point P, sur AQ, on obtient PR pour la ligne demandée.

Si l'on joint, en effet, RA, RQ, l'angle ARQ est droit comme inscrit dans une demi-circonférence ; le triangle ARQ est donc rectangle en R, et l'on a

$$\overline{PR}^2 = AP \times PQ \quad \text{ou} \quad \overline{PR}^2 = p \times q.$$

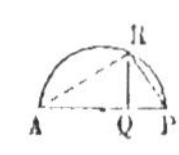

DEUXIÈME SOLUTION. On prend $AP = p$ et $PQ = q$; sur AP, comme diamètre, on décrit une demi-circonférence, et on élève en Q la perpendiculaire QR ; la ligne PR est encore la ligne demandée.

On a, en effet, dans le triangle ARP rectangle en R,

$$\overline{PR}^2 = AP \times PQ \quad \text{ou} \quad \overline{PR}^2 = p \times q.$$

TROISIÈME SOLUTION. On prend, comme précédemment, $AP = p$ et $PQ = q$; sur AQ, comme corde, on décrit une circonférence, et menant à cette circonférence la tangente $PR = PR'$, on a la ligne demandée.

Car on a toujours

$$\overline{PR}^2 = AP \times PQ \quad \text{ou} \quad \overline{PR}^2 = p \times q.$$

PROBLÈME.

116. Sur une droite *ab*, comme côté homologue d'un côté AB d'un polygone donné ABCDEF, construire un second polygone semblable au premier.

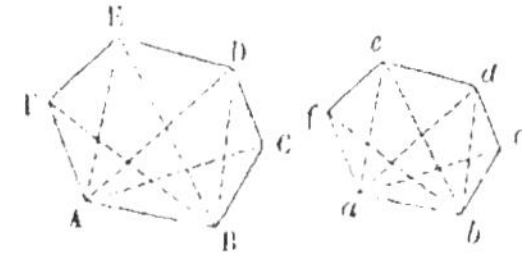

Décomposons le polygone donné en triangles par des diagonales menées du sommet A à tous les autres sommets non-adjacents. Faisons ensuite au point *a*, avec *ab*, les angles $bac = BAC$, $bad = BAD$, $bae = BAE$, $baf = BAF$; on aura, par suite, les angles $dac = DAC$, $ead = EAD$, $eaf = EAF$. On pourrait construire ces derniers angles directement ; mais il est préférable d'opérer comme nous venons de le faire, pour ne pas accumuler les erreurs du tracé.

Cela posé, faisant en b l'angle abc = ABC, on forme un triangle abc semblable à ABC ; puis, faisant en c un angle acd = ACD, on forme un second triangle acd semblable à ACD ; et ainsi de suite.

Le polygone $abcdef$, ainsi déterminé, est semblable à l'autre, parce qu'ils sont tous deux composés d'un même nombre de triangles semblables chacun à chacun et semblablement disposés.

On peut encore, après avoir formé en a des angles égaux à ceux qui sont en A, faire des constructions semblables en b. On mène les diagonales BF, BE, BD, et l'on trace les angles abc=ABC, abd = ABD, abe = ABE, abf = ABF. On obtient ainsi les autres sommets c, d, e, f, du nouveau polygone, et il suffit de les joindre ensuite par des lignes droites.

Pour démontrer la similitude des deux polygones, remarquons que tous les triangles formés sur AB et ab, sont semblables comme ayant deux angles égaux, chacun à chacun ; de sorte qu'on obtient, à l'aide du rapport commun de AB à ab,

$$\frac{AB}{ab}=\frac{AC}{ac}=\frac{AD}{ad}=\frac{AE}{ae}=\frac{AF}{af}=\frac{BC}{bc}=\frac{BD}{bd}=\frac{BE}{be}=\frac{BF}{bf}.$$

On déduit de là la similitude des triangles successifs qui composent les deux polygones. Par exemple, les triangles ADE, ade, sont semblables, car ils ont un angle égal DAE = dae par construction, compris entre deux côtés homologues proportionnels.

POLYGONES RÉGULIERS.

117. Polygones réguliers. Un polygone est dit *régulier* quand il a tous ses côtés égaux entre eux, ainsi que ses angles ; tels sont, par exemple, le triangle équilatéral et le carré.

Il existe des polygones réguliers d'un nombre quelconque de côtés. On peut, en effet, concevoir une circonférence divisée en un nombre quelconque de parties égales, et si l'on joint ces divisions successives par des cordes, le polygone résultant aura, évidemment, tous ses côtés égaux comme sous-tendant des arcs égaux, et tous ses angles égaux comme inscrits dans des segments égaux ; ce polygone est donc régulier.

Cercle circonscrit. Quand un polygone, régulier ou non, a tous ses sommets sur une circonférence, on dit que le polygone est *inscrit* à la circonférence, ou que celle-ci est *circonscrite* au polygone.

Cercle inscrit. Quand un polygone a tous ses côtés tangents à un cercle, on dit que le polygone est *circonscrit* à la circonférence, ou que la circonférence est *inscrite* au polygone.

Deux polygones réguliers d'un même nombre de côtés sont semblables.

Car le rapport de deux côtés est constant ; de plus, dans chaque polygone, un angle multiplié par le nombre des côtés vaut autant de fois deux droits qu'il y a de côtés moins deux ; cet angle est donc égal de part et d'autre, puisque le nombre de côtés est supposé le même.

THÉORÊME.

118. **Tout polygone régulier ABCDEF peut être inscrit et circonscrit à un cercle.**

1° Par trois sommets consécutifs A, B, C, faisons passer une circonférence ; le centre O de cette circonférence s'obtient en élevant les perpendiculaires MO, NO sur les milieux des lignes AB, BC. Nous allons faire voir que si l'on joint le point O au sommet suivant D, on aura la ligne OD = OA, de sorte que la circonférence devra passer par le point D.

Pour cela, rabattons le quadrilatère ONCD sur le quadrilatère ONBA, en le faisant tourner sur la ligne commune ON. Les angles en N étant droits, la ligne NC se dirige sur son égale NB et le point C tombe au point B ; l'angle NCD étant egal à NBA, le côté CD se dirige sur son égal BA et le point D tombe au point A ; le point O reste fixe et, par suite, OD se confond avec OA ; donc la circonférence passe au point D.

On prouverait de même qu'elle passe successivement par les autres sommets.

2° Les côtés AB, BC, CD... du polygone, deviennent des cordes égales de la circonférence circonscrite ; leurs distances au centre, OM, ON, OP,... sont donc égales. Par conséquent, si du point O comme centre, avec une de ces distances pour rayon, on décrit une circonférence, elle passe par les points M, N, P..... ; mais les côtés AB, BC, CD,.... sont perpendiculaires aux extrémités des rayons OM, ON, OP.... ; ils sont donc tangents à cette circonférence, qui se trouve inscrite au polygone.

REMARQUE. Le centre O, commun au cercle circonscrit et au cercle inscrit, s'appelle le *centre* du polygone régulier.

COROLLAIRE. Tous les triangles isocèles AOB, BOC, COD,... ont leurs trois côtés égaux chacun à chacun ; les *angles au centre* sont égaux entre eux, et les lignes OA, OB, OC,... sont les *bissectrices* des angles aux sommets du polygone.

Le nombre des angles au centre est le même que celui des côtés du polygone et leur somme vaut 4 droits = 360°. Il suffit donc de diviser cette quantité par le nombre des côtés, pour avoir la valeur de l'angle au centre d'un polygone régulier. On trouve ainsi

$$\text{Angle au centre du triangle équilatéral} = \frac{4^{dr}}{3} = 120^\circ$$

$$\text{Angle au centre du carré} \ldots\ldots\ldots\ldots = 1^{dr} = 90^\circ$$

$$\text{Angle au centre de l'hexagone régulier} = \frac{2^{dr}}{3} = 60^\circ.$$

THÉORÈME.

119. Le rapport des périmètres de deux polygones réguliers d'un même nombre de côtés est le même que celui des rayons des cercles circonscrits.

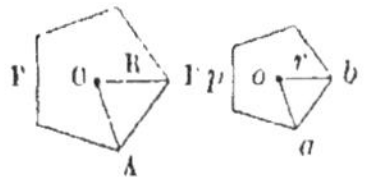

Deux polygones réguliers d'un même nombre de côtés sont semblables ; si donc on représente par P, p, les périmètres de ces polygones, et si AB, ab, sont deux côtés homologues, on aura

$$\frac{P}{p} = \frac{AB}{ab}.$$

Joignons les centres O, o, des deux polygones, aux extrémités des deux côtés ; les triangles AOB, aob, sont semblables, car l'angle OAB $= oab$, et l'angle OBA $= oba$ comme moitiés d'angles égaux ; on a donc, en nommant R et r les rayons OA, oa,

$$\frac{AB}{ab} = \frac{OA}{oa} = \frac{R}{r}; \text{ et par conséquent, } \frac{P}{p} = \frac{R}{r}.$$

PROBLÈME.

120. Inscrire un carré dans un cercle de rayon donné.

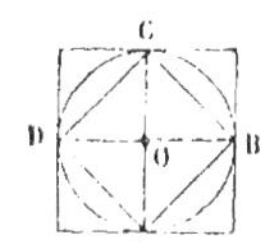

Par le centre O du cercle, traçons deux diamètres AC, BD perpendiculaires l'un à l'autre ; en joignant les extrémités de ces diamètres, on forme le carré demandé ABCD.

La circonférence est, en effet, partagée en 4 parties égales ; les côtés sont donc des cordes égales : de plus, les angles sont droits comme ayant chacun pour mesure la moitié d'une demi-circonférence.

Remarque. On obtiendrait un carré circonscrit en menant des perpendiculaires aux extrémités des diamètres.

Corollaire I. La valeur du côté du carré inscrit en fonction du rayon du cercle, se déduit facilement du triangle AOB rectangle en O ; il vient

$$\overline{AB}^2 = \overline{AO}^2 + \overline{OB}^2 = 2\overline{AO}^2 ; \quad \text{d'où } AB = AO\sqrt{2}$$

Nommons r le rayon du cercle et c le côté du carré ; nous aurons

$$c = r\sqrt{2}. \quad \text{Si } r = 1, \text{ il vient } c = \sqrt{2}.$$

Corollaire II. En divisant les arcs sous-tendus par les côtés du carré en 2, 4, 8.... parties égales, on pourra former des polygones réguliers de 8, 16, 32... côtés.

PROBLÈME.

121. Inscrire un hexagone régulier dans un cercle de rayon donné.

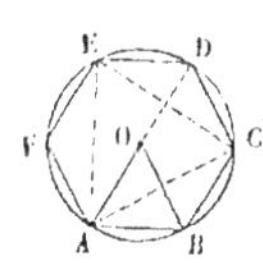

Supposons le problème résolu, et soit AB le côté de l'hexagone régulier inscrit. L'angle au centre AOB est le sixième de 360° ou égal à 60° ; par conséquent, la somme des angles égaux OAB et OBA est égale à 180° — 60° ou à 120° ; donc, chacun d'eux vaut la moitié de 120° ou 60°. Ainsi, les trois angles du triangle AOB sont égaux, et le triangle est équilatéral ; par suite, le côté AB de l'hexagone régulier inscrit est égal au rayon du cercle.

D'après cela, si l'on porte le rayon six fois sur la circonférence, on aura les sommets de l'hexagone régulier.

Corollaire I. En joignant les sommets de deux en deux, on obtient le triangle équilatéral inscrit ACE.

Pour avoir la valeur du côté AC du triangle équilatéral inscrit, exprimée en fonction du rayon r du cercle circonscrit, menons le diamètre $AD = 2r$; le triangle ADC, rectangle en C, donne

$$\overline{AC}^2 = \overline{AD}^2 - \overline{DC}^2 = (2r)^2 - r^2 = 3r^2; \text{ d'où } AC = r\sqrt{3}.$$

Corollaire II. Si l'on divise chacun des arcs sous-tendus par les côtés de l'hexagone, en 2, 4, 8... parties égales, on pourra construire les polygones réguliers inscrits de 12, 24, 48... côtés.

RAPPORT DE LA CIRCONFÉRENCE AU DIAMÈTRE.

LEMMES.

122. 1° Le cercle peut être assimilé à un polygone régulier d'un nombre infini de côtés infiniment petits.

Concevons un polygone régulier inscrit dans un cercle ; si l'on partage l'arc sous-tendu par chaque côté en deux parties égales, et qu'on mène les cordes de chaque arc partiel, on obtient un polygone régulier d'un nombre double de côtés, et ses côtés sont plus rapprochés de la circonférence que ceux du premier polygone. Si l'on répète la même opération sur le nouveau polygone, et sur les polygones successifs ainsi déterminés, on arrive à des polygones réguliers d'un nombre de côtés de plus en plus considérable, et dont les côtés, de plus en plus petits, tendent à se confondre avec la circonférence. Le polygone coïncide avec le cercle, quand ses côtés deviennent moindres que toute grandeur appréciable ou quand leur nombre est infini.

D'après cela, on peut étendre au cercle toutes les propriétés des polygones réguliers, qui ne dépendent ni du nombre ni de la grandeur des côtés.

2° Les cercles peuvent être considérés comme des polygones réguliers semblables entre eux.

Partageons, en effet, les différentes circonférences en un même nombre de parties égales; nous formerons ainsi des polygones réguliers inscrits d'un même nombre de côtés, et, par conséquent, semblables entre eux. Si nous rendons ensuite le nombre des côtés 2, 4, 8... fois plus grand, en opérant simultanément sur toutes les circonférences, les polygones successifs ne cesseront pas d'être semblables entre eux, et il viendra un moment où ils coïncideront avec leurs circonférences. Les cercles peuvent donc être regardés comme des polygones semblables.

THÉORÈME.

123. Le rapport d'une circonférence à son diamètre est un nombre constant, ou qui reste invariable quel que soit le rayon de cette circonférence.

Soient deux cercles quelconques ayant pour rayons R et r. Les cercles pouvant être considérés comme des polygones semblables, leurs périmètres, c'est-à-dire, les circonférences seront entre elles comme leurs rayons (**119**). On aura donc

$$\frac{\text{circonfér. R}}{\text{circonfér. } r} = \frac{\text{R}}{r} = \frac{2\text{R}}{2r} \text{ ; d'où } \frac{\text{circonfér. R}}{2r} = \frac{\text{circonfér. } r}{2r}.$$

Le rapport d'une circonférence r à son diamètre $2r$ est donc un nombre constant, quelle que soit la grandeur du rayon. On est convenu de représenter ce rapport constant par la lettre grecque π.

Corollaire I. **Mesure d'une circonférence.** Le rapport π étant une fois déterminée, on aura pour une circonférence quelconque de rayon r,

$$\frac{\text{circonf. } r}{2r} = \pi \text{ ; d'où circonf.} = r\ 2\pi r = \pi d,$$

en désignant par d le diamètre $2r$.

Il suffit donc de multiplier le diamètre d'un cercle par ce rapport π, pour connaître la circonférence du cercle.

Corollaire II. **Mesure d'un Arc.** Soit un arc a décrit d'un rayon r, dont l'angle au centre exprimé en degrés et fraction de degré est a° ; la circonférence entière $2\pi r$ pouvant être considérée comme l'arc correspondant à 360°, il vient

$$\frac{\text{arc}\,a}{2\pi r} = \frac{a^{\circ}}{360^{\circ}} \text{ ; d'où arc}\,a = \frac{a^{\circ}}{180^{\circ}}\,\pi r$$

Remarque. Un autre arc A, dont R serait le rayon et A° l'angle au centre, aurait pour mesure

$$\text{arc A} = \frac{\text{A}^{\circ}}{180^{\circ}}\,\pi \text{R}$$

d'où, par une division des deux rapports,

$$\frac{\text{arc A}}{\text{arc } a} = \frac{A^\circ}{a^\circ} \times \frac{R}{r}$$

Si l'angle au centre est le même pour les deux arcs, on a $A^\circ = a^\circ$ et l'expression devient

$$\frac{\text{arc A}}{\text{arc } a} = \frac{R}{r}$$

Les arcs qui ont le même angle au centre sont dits *semblables*, et l'on voit qu'ils sont proportionnels à leurs rayons, comme les circonférences auxquelles ils appartiennent.

PROBLÈME.

124. Connaissant le côté $AB = c$ d'un polygone régulier inscrit et le diamètre $B'E = d$ du cercle, calculer le côté $AB' = c'$ du polygone régulier inscrit d'un nombre double de côtés.

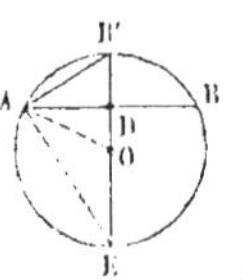

Le diamètre B'OE est perpendiculaire à AD, et l'angle EAB' est droit comme inscrit dans un demi-cercle ; on a donc (**105**)

$$\overline{AB'}^2 = B'E \times B'D = d(OB' - OD)$$

ou $$c'^2 = d(\tfrac{1}{2}d - OD).$$

Or le triangle OAD donne $\overline{AO}^2 = \overline{OD}^2 + \overline{AD}^2$; d'où

$$\overline{OD}^2 = \overline{AO}^2 - \overline{AD}^2$$

$$= \left(\frac{1}{2}d\right)^2 - \left(\frac{1}{2}c\right)^2$$

$$= \left(\frac{1}{2}d\right)^2 \left\{1 - \frac{c^2}{d^2}\right\}$$

ou bien $$OD = \frac{1}{2}d\sqrt{1 - \frac{c^2}{d^2}}.$$

Substituant cette valeur dans l'expression de c'^2, on obtient

$$c'^2 = d\left(\frac{1}{2}d - \frac{1}{2}d\sqrt{1 - \frac{c^2}{d^2}}\right) = \frac{1}{2}d^2\left(1 - \sqrt{1 - \frac{c^2}{d^2}}\right).$$

PROBLÈME.

125. Calculer la valeur du rapport π de la circonférence au diamètre.

Si dans l'expression *circ.* $r = 2\pi r = \pi d$ (**123**) on suppose $r = \frac{1}{2}$

ou $d = 1$, on obtient *circ.* $\frac{1}{2} = \pi$; il suffit donc, pour connaître π, de chercher la grandeur de la circonférence dont le diamètre est l'unité.

Or, on peut obtenir une valeur approchée de cette circonférence, au moyen des périmètres d'une suite de polygones réguliers inscrits, dont on multiplie le nombre des côtés, jusqu'à ce que le dernier périmètre se confonde sensiblement avec la circonférence.

Si on fait d'abord $d = 1$ dans la formule qui termine le paragraphe précédent, on a

$$c'^2 = \tfrac{1}{2}\left(1 - \sqrt{1 - c^2}\right).$$

Considérons comme polygone de départ pour nos calculs, le carré inscrit au cercle ; on a (**120**) $c = r\sqrt{2}$, ou, dans le cas actuel $c = \frac{1}{2}\sqrt{2}$. Par suite, le côté c' de l'octogone régulier inscrit est donné par l'expression

$$c'^2 = \tfrac{1}{2}\left(1 - \sqrt{1 - \tfrac{1}{2}}\right) = \tfrac{1}{2}\left(1 - \sqrt{\tfrac{1}{2}}\right) = \tfrac{1}{2}\left(1 - \frac{\sqrt{2}}{2}\right) = \frac{2 - \sqrt{2}}{4}.$$

La valeur de c' étant calculée avec le degré d'approximation qu'on juge convenable, on la regarde comme étant représentée par c dans la formule ; un nouveau calcul de c' donne le côté du polygone régulier inscrit de 16 côtés, qui sert à passer au côté du polygone de 32 côtés, et ainsi de suite. Une fois parvenu à un polygone d'un nombre de côtés suffisamment grand, on multiplie la valeur trouvée de l'un de ses côtés par leur nombre, pour obtenir le périmètre de ce polygone ; on cherche de même le périmètre du polygone qui suit, et si les deux valeurs sont identiques dans plusieurs chiffres décimaux, on voit sans peine quels sont les chiffres qui resteraient indubitablement les mêmes, si l'on passait à des polygones encore plus rapprochés du cercle. Le nombre qui représente cet ensemble de chiffres est la valeur de la circonférence, ou de π, dans ces limites d'exactitude.

On a trouvé pour cette valeur

$$\pi = 3{,}14159\ 26535\ 89793\ldots$$

on déduit de là $\quad \dfrac{1}{\pi} = 0{,}31830\ 98861\ 83790\ldots$

Archimède a donné la valeur $\pi = \frac{22}{7} = 3{,}14285\ldots$ erreur $< 0{,}0013$.

Métius a trouvé $\pi = \frac{355}{113} = 3,14159\,292\ldots$ erreur $< 0,00000\,03$.

126. Applications. **Trouver la circonférence dont le rayon $= 0^m,7$.**

On a $\text{circonf.} = 2\pi r = 2\pi \times 0,7 = 1,4 \times \pi,$
si on suppose $\pi = 3,1416$, on obtient circonf. $= 4^m,3982$.

2° On demande la longueur d'un arc de $23°12'54''$, dont le rayon $r = 3^m$.

La circonférence contenant 360°, si a est l'arc cherché, il vient

$$\frac{a}{2\pi r} = \frac{23°12'54''}{360°}\,;\ \text{d'où } a = \pi r\,\frac{23°12'54''}{180°} = \pi r\,\frac{83574''}{648000''}$$

c'est-à-dire $$a = \pi\,\frac{83574}{216000}.$$

3° Trouver l'arc dont la longueur est r.

Soit a'' cet arc en secondes, on a

$$\frac{a''}{360°} = \frac{r}{2\pi r}\ \text{c'est-à-dire}\ \frac{a''}{180°} = \frac{1}{\pi}\,;\ \text{d'où } a'' = \frac{648000''}{\pi}.$$

4° Trouver le rayon d'une circonférence qui est égale à $0^m,36$.

De la relation $\text{cir} = 2\pi r$, on tire $r = \frac{\text{cir}}{2\pi} = \frac{0^m,36}{2\pi} = \frac{0^m,18}{\pi}$.

AIRE DU POLYGONE ET DU CERCLE.

127. Mesure des surfaces. Mesurer une surface, c'est chercher combien de fois cette surface en contient une autre prise pour unité ; le nombre entier ou fractionnaire qu'on obtient, exprime l'*aire* de la surface.

Quand deux surfaces ont une même aire, ou quand elles contiennent l'unité de surface le même nombre de fois, on dit qu'elles sont *équivalentes*. Deux figures de formes très-différentes peuvent donc être équivalentes, tandis que pour être égales, elles doivent pouvoir se superposer l'une sur l'autre, et coïncider dans toutes leurs parties.

THÉORÊME

128. Les surfaces de deux rectangles AC, A'C' qui ont une dimension égale AD = A'D', sont entre elles comme les secondes dimensions AB, A'B'.

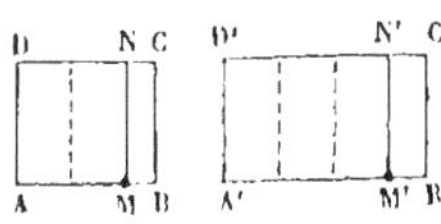

1° Quand les secondes dimensions sont égales entre elles, les deux rectangles peuvent se superposer et leurs surfaces sont égales ; leur rapport est donc le même que celui des secondes dimensions.

2° Supposons que ces secondes dimensions AB, A'B', soient quelconques, les deux premières AD, A'D', restant toujours égales. Prenons une certaine unité linéaire, et portons-la de A vers B et de A' vers B', le plus grand nombre de fois possible, 2 fois par exemple sur AB et 3 fois sur A'B' ; *les distances* MB, M'B' *qui restent sont moindres que cette unité arbitraire.*

Les lignes AM, A'M', donnent d'abord la relation

$$\frac{AM}{A'M'} = \frac{2}{3}.$$

Élevons par les points de division des perpendiculaires aux lignes AB et A'B' ; nous formons un certain nombre de rectangles partiels égaux entre eux ; le rectangle AN en contient 2, et le rectangle A'N' en contient 3 ; on a donc la relation

$$\frac{AN}{A'N'} = \frac{2}{3}; \text{ et par conséquent, } \frac{AN}{A'N'} = \frac{AM}{A'M'}.$$

Cette proportion existe quelle que soit l'unité linéaire ; elle a donc lieu quand cette unité est moindre que toute grandeur appréciable ; mais alors les points M, M' se confondent avec les points B, B', et l'on a

$$\frac{AC}{A'C'} = \frac{AB}{A'B'}.$$

THÉORÈME.

129. Les surfaces de deux rectangles quelconques sont entre elles comme les produits de leurs deux dimensions.

Nommons R l'un des rectangles, a, b ses deux dimensions.
R' l'autre rectangle, a', b' ses deux dimensions.

Concevons un troisième rectangle R'', ayant une dimension de chacun des deux autres, par exemple, a' et b.

Comparant R à R'', on voit qu'ils ont la dimension commune b; il vient donc (**128**)

$$\frac{R}{R''} = \frac{a}{a'}.$$

Par la comparaison de R'' à R', on a pareillement, puisque la dimension a' est commune aux deux rectangles,

$$\frac{R''}{R'} = \frac{b}{b'}.$$

Multipliant ces deux équations membre à membre, on a

$$\frac{R \times R''}{R'' \times R'} = \frac{a \times b}{a' \times b'}, \quad \text{ou} \quad \frac{R}{R'} = \frac{a \times b}{a' \times b'}.$$

Remarque. On donne le nom de *base* à l'une des deux dimensions d'un rectangle, et le nom de *hauteur* à l'autre dimension ; on dit alors que deux rectangles sont entre eux comme les produits de leurs bases par leurs hauteurs.

THÉORÈME.

130. L'aire d'un rectangle est égale au produit de ses deux dimensions.

La relation que nous venons de trouver peut s'écrire

$$\frac{R}{R'} = \frac{a}{a'} \times \frac{b}{b'}.$$

Elle exprime que pour savoir combien la surface d'un rectangle R, contient celle d'un autre rectangle R' prise pour unité de surface, il suffit de chercher le nombre de fois que l'une des dimensions a du rectangle R contient l'une des dimensions a' du rectangle R', de chercher également le nombre de fois que l'autre dimension b du rectangle R contient b', et de faire le produit de ces deux nombres abstraits.

Dans la pratique, on prend, pour unité de surface, le carré dont le côté égale l'unité de ligne ; alors, R' = unité de surface, $a' = b'$ = unité de ligne, et la relation supérieure devient

$$\frac{R}{\text{unité de surface}} = \frac{a}{\text{unité de ligne}} \times \frac{b}{\text{unité de ligne}},$$

ce qu'on écrit

$$R = a \times b.$$

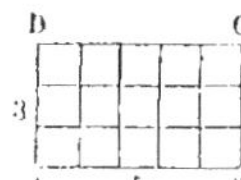

Par exemple, si la dimension AB contient 5 fois l'unité linéaire, et la dimension AD, 3 fois la même unité, le rectangle ABCD contiendra $5 \times 3 = 15$ fois le carré fait sur l'unité de ligne. On rend ce résultat évident, en menant, par les points de division de chaque dimension, des parallèles à l'autre dimension.

REMARQUE. Ce théorème s'énonce ordinairement comme il suit : un rectangle a pour mesure le produit de sa base par sa hauteur.

THÉORÈME.

131. L'aire d'un parallélogramme ABCD, est égale au produit de sa base par sa hauteur.

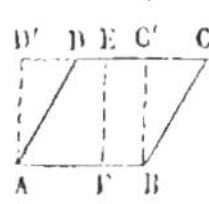

On nomme *base* d'un parallélogramme, l'un des côtés parallèles, AB, par exemple, et *hauteur* du parallélogramme, la perpendiculaire EF qui mesure la distance de la base à l'autre côté parallèle.

Cela posé, construisons un rectangle ABC'D' ayant même base AB et même hauteur AD' = EF que le parallélogramme, et montrons que le rectangle et le parallélogrammes sont équivalents.

Or, si de la figure totale ABCD', on retranche le triangle ADD', il reste le parallélogramme, et si de cette figure totale on retranche le triangle BCC', il reste le rectangle ; il nous suffit donc de démontrer que les deux triangles sont égaux. Ils ont, en effet, un angle égal D'AD = C'BC (puisque les côtés sont parallèles et dirigés dans le même sens), compris entre deux côtés égaux chacun à chacun, AD = BC, AD' = BC'. Mais le rectangle a pour mesure $AB \times AD' = AB \times EF$; donc, le parallélogramme a même mesure, c'est-à-dire qu'il a pour aire le produit de sa base par sa hauteur.

Ainsi, b étant la base, h la hauteur, et s la surface d'un parallélogramme, on a $s = bh$.

THÉORÈME.

132. L'aire d'un triangle ABC est égale à la moitié du produit de sa base par sa hauteur.

Si le côté AB est pris pour la *base* du triangle, sa *hauteur* est la perpendiculaire CD, abaissée du sommet opposé sur cette base.

Menons BE parallèle à AC, et CE parallèle à AB ; la

figure ABEC est un parallélogramme ayant même base AB et même hauteur CD que le triangle.

Or, les deux triangles CBA, CBE sont égaux comme ayant le côté CB commun, adjacent à des angles égaux ; chacun d'eux est donc la moitié du parallélogramme. Mais celui-ci a pour mesure le produit de sa base AB par sa hauteur CD ; le triangle ACB a donc pour mesure $\frac{1}{2}$ AB $\times$ CD.

Ainsi, b étant la base, h la hauteur et s la surface d'un triangle on a $$s = \frac{1}{2} bh.$$

Application. On demande la surface d'un triangle dont la base $b = 0^{\text{mèt}},7$ et la hauteur $h = 3$ mètres. Il vient

$$s = \frac{1}{2} 0^{\text{m}},7 \times 3^{\text{m}} = \frac{1}{2}\, 2,1 = 1^{\text{mèt. car.}},05 = 1^{\text{mèt. car.}}\, 5^{\text{décim. car.}}$$

THÉORÈME.

133. L'aire d'un trapèze est égale à la demi-somme de ses bases parallèles AB, DC, multipliée par sa hauteur ED.

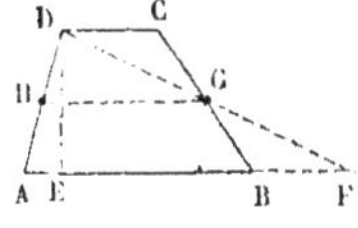

Prolongeons la base AB d'une longueur BF = l'autre base DC, et traçons DF. Les deux triangles GBF et GDC sont égaux comme ayant le côté BF = DC, l'angle GBF = GCD et l'angle BFG = GDC. Or, si de la figure totale on retranche le triangle GDC, il reste le triangle ADF, et si de la figure totale on retranche le triangle GBF, il reste le trapèze ABCD : le trapèze est donc équivalent au triangle ADF. Mais celui-ci a pour mesure

$$\frac{1}{2}\,\text{AF} \times \text{DE} = \frac{1}{2}(\text{AB} + \text{BF}) \times \text{DE} = \frac{1}{2}(\text{AB} + \text{DC}) \times \text{DE}\ ;$$

c'est donc là aussi la mesure du trapèze.

Nommant B et b les deux bases du trapèze, h sa hauteur et s sa surface, on a $$s = \frac{1}{2}(\text{B} + b)h.$$

Remarque. Le point G est le milieu de CB et de DF, d'après l'égalité des triangles GBF et GDC, qui donnent GB = GC et GF = GD. Si l'on mène par ce point la droite GH parallèle à AF, on a, par les triangles semblables DHG, DAF,

$$\frac{\text{DG}}{\text{DF}} = \frac{\text{DH}}{\text{DA}} = \frac{\text{HG}}{\text{AF}}.$$

Et puisque DG $= \frac{1}{2}$DF, il en résulte DH $= \frac{1}{2}$DA et HG $= \frac{1}{2}$AF.

Ainsi, la droite GH passe par le milieu de DA et elle est égale à la demi-somme des bases.

Donc, un trapèze a encore pour mesure le produit de sa hauteur par la ligne qui joint les milieux des deux côtés non-parallèles.

PROBLÈME.

134. Déterminer l'aire d'un polygone quelconque ABCDEFGH.

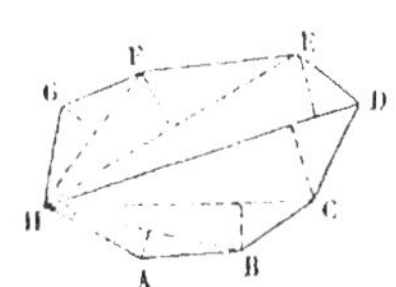

1er Procédé. On décompose le polygone en triangles. Pour cela on mène des diagonales de l'un des sommets H à tous les autres sommets non adjacents; on évalue l'aire de chacun de ces triangles, et, faisant leur somme, on a l'aire du polygone proposé.

Ou bien encore on prend un point quelconque dans l'*intérieur* du polygone, et l'on joint ce point à tous les sommets; on forme ainsi autant de triangles qu'il y a de côtés; et cherchant leurs surfaces partielles, on obtient, par leur somme, la surface demandée.

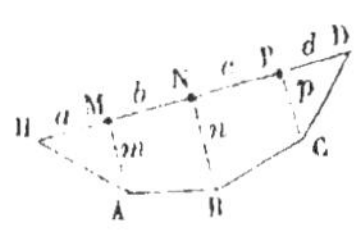

2e Procédé. Un autre procédé consiste à mener par les deux sommets les plus éloignés, une diagonale HD, qu'on nomme *directrice*, et à évaluer les deux portions HDCBA, HDEFG, à l'aide de perpendiculaires abaissées des autres sommets sur cette directrice. Ces surfaces seront, évidemment, décomposées en deux triangles extrêmes et en trapèzes intermédiaires, qu'il sera facile d'évaluer.

Considérons, par exemple, la portion HDCBA ; posons $HM = a$, $MN = b$, $NP = c$, $PD = d$, $AM = m$, $BN = n$, $CP = p$; nous aurons

$$\text{surface } HMA = \tfrac{1}{2}\, ma, \qquad \text{surface } MNBA = \tfrac{1}{2}\,(m+n)b,$$
$$\text{surface } NPCB = \tfrac{1}{2}\,(n+p)c, \qquad \text{surface } PDC = \tfrac{1}{2}\,pd.$$

Par suite

$$\begin{aligned}\text{surf. } HDCBA &= \tfrac{1}{2}\,ma + \tfrac{1}{2}\,(m+n)b + \tfrac{1}{2}\,(n+p)c + \tfrac{1}{2}\,pd \\ &= \tfrac{1}{2}\,m(a+b) + \tfrac{1}{2}\,n(b+c) + \tfrac{1}{2}\,p(c+d).\end{aligned}$$

Or, la somme $(a+b)$ peut être regardée comme la partie de HD, comprise entre les projections des deux sommets avoisinant la perpendiculaire m, menée du sommet A, et il en est de même des autres sommes. On peut donc se servir de la règle pratique suivante.

On multiplie la moitié de la perpendiculaire abaissée de chaque sommet sur la directrice, par la distance des projections des deux sommets les plus voisins sur la même directrice, et l'on fait la somme de tous les produits.

La règle ainsi énoncée est générale.

PROBLÈME.

135. Déterminer approximativement l'aire d'une surface limitée par une courbe assimilable à un polygone.

Le deuxième procédé que nous venons d'exposer, peut servir à évaluer approximativement une surface limitée par une ligne courbe, qu'on assimile à un polygone dont les côtés tels que BA, AB,... sont les arcs de la courbe compris entre les perpendiculaires MA, NB,... L'exactitude du résultat dépend du soin qu'on a d'espacer convenablement ces perpendiculaires, nommées *ordonnées*, de telle sorte que les arcs interceptés se confondent sensiblement avec des lignes droites.

Le plus ordinairement on se borne à mener les ordonnées à des distances *égales* les unes des autres; l'expression de l'aire prend alors une forme simple, ainsi que nous allons le montrer sur la surface rectangulaire AMNB, terminée, d'un côté, par l'arc de courbe AB.

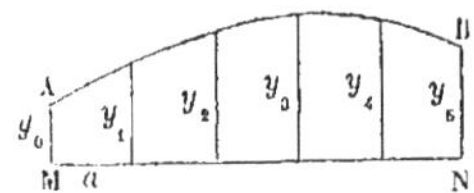

On divise MN en un certain nombre de parties égales, par exemple en cinq parties, et l'on mène des perpendiculaires à cette ligne par chaque point de division. La surface est ainsi partagée en cinq trapèzes de même hauteur, et si l'on désigne par y_0, y_1, y_2,... y_5 les diverses ordonnées et par a leur distance constante, les surfaces de ces trapèzes seront successivement

$$a\frac{y_0+y_1}{2},\quad a\frac{y_1+y_2}{2},\quad a\frac{y_2+y_3}{2},\quad a\frac{y_3+y_4}{2},\quad a\frac{y_4+y_5}{2}.$$

Faisant leur somme, on obtient

$$\text{Surface AMNB} = a\left(\frac{y_0}{2}+y_1+y_2+y_3+y_4+\frac{y_5}{2}\right).$$

Cette expression comprend le cas où les points extrêmes de la directrice MN sont sur la courbe AB; il suffit d'y supposer nulles les coordonnées extrêmes y_0, y_5.

RAPPORT DES FIGURES SEMBLABLES.

THÉORÈME.

136. Le rapport des aires de deux triangles semblables ABC, *abc*, est le même que celui des carrés de deux côtés homologues quelconques $\overline{AB}^2$, $\overline{ab}^2$.

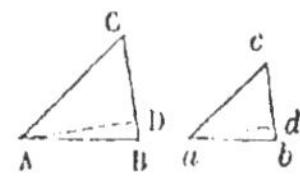

Menons de l'une des extrémités de ces côtés les perpendiculaires AD, *ad*, sur le côté opposé, il vient

$$\left.\begin{array}{l}\text{aire ABC} = \frac{1}{2}\text{BC} \times \text{AD} \\ \text{aire } abc = \frac{1}{2}bc \times ad\end{array}\right\} \text{d'où } \frac{\text{aire ABC}}{\text{aire } abc} = \frac{\text{BC}}{bc} \times \frac{\text{AD}}{ad}.$$

Mais on a, d'après la similitude des triangles, $\frac{\text{BC}}{bc} = \frac{\text{AB}}{ab}$.

De plus, les triangles ABD, *abd*, ont deux angles égaux chacun à chacun, savoir l'angle droit ADB $= adb$ et l'angle B $= b$; ils sont donc aussi semblables et donnent

$$\frac{\text{AD}}{ad} = \frac{\text{AB}}{ab}.$$

Substituant ces valeurs dans l'expression supérieure, on obtient

$$\frac{\text{aire ABC}}{\text{aire } abc} = \frac{\text{AB}}{ab} \times \frac{\text{AB}}{ab} = \frac{\overline{\text{AB}}^2}{\overline{ab}^2}.$$

THÉORÈME.

137. Le rapport des aires de deux polygones semblables ABCDEF, *abcdef*, est le même que celui des carrés de deux côtés homologues quelconques.

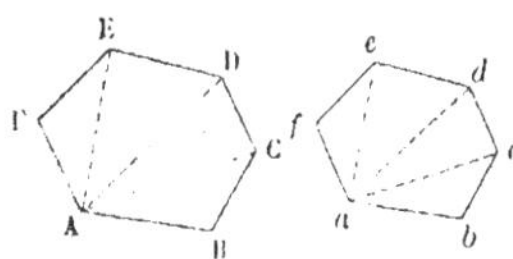

Si l'on mène des diagonales par deux sommets homologues A, *a*, on décompose les deux polygones en un même nombre de triangles semblables chacun à chacun : on aura donc (136)

$$\frac{\text{ABC}}{abc} = \frac{\overline{\text{AB}}^2}{\overline{ab}^2} = \frac{\overline{\text{BC}}^2}{\overline{bc}^2}, \frac{\text{ACD}}{acd} = \frac{\overline{\text{CD}}^2}{\overline{cd}^2}, \ldots\ldots, \frac{\text{AFE}}{afe} = \frac{\overline{\text{EF}}^2}{\overline{ef}^2} = \frac{\overline{\text{FA}}^2}{\overline{fa}^2};$$

or, on a

$$\frac{AB}{ab}=\frac{BC}{bc}=\frac{CD}{cd}=\ldots\ldots=\frac{FA}{fa},\text{ et par suite}$$

$$\frac{\overline{AB}^2}{\overline{ab}^2}=\frac{\overline{BC}^2}{\overline{bc}^2}=\frac{\overline{CD}^2}{\overline{cd}^2}=\ldots\ldots=\frac{\overline{FA}^2}{\overline{fa}^2};\text{ il vient donc}$$

$$\frac{ABC}{abc}=\frac{ACD}{acd}=\ldots\ldots=\frac{AFE}{afe}=\frac{\overline{AB}^2}{\overline{ab}^2}=\frac{\overline{BC}^2}{\overline{bc}^2}=\ldots\ldots=\frac{\overline{FA}^2}{\overline{fa}^2}.$$

D'où, par une propriété connue des rapports égaux,

$$\frac{ABC+ACD+\ldots\ldots+AFE}{abc+acd+\ldots\ldots+afe},\quad\text{c'est-à-dire}$$

$$\frac{ABCDEF}{abcdef}=\frac{\overline{AB}^2}{\overline{ab}^2}=\frac{\overline{AC}^2}{\overline{ac}^2}\ldots=\frac{\overline{FA}^2}{\overline{fa}^2}.$$

AIRE DU POLYGONE RÉGULIER ; AIRE DU CERCLE.

THÉORÈME.

138. L'aire d'un polygone régulier ABCDEF est égale au produit de son périmètre par la moitié du rayon du cercle inscrit OG.

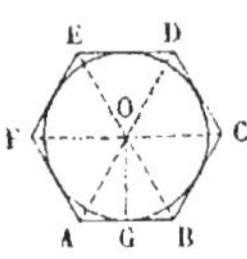

Joignons le centre O à tous les sommets du polygone ; nous décomposons la surface en autant de triangles isoscèles, égaux à AOB, qu'il y a de côtés dans le polygone ; le centre O est le sommet commun de tous ces triangles et leurs hauteurs sont toutes égales à OG. On aura donc

$$AOB=AB\times\tfrac{1}{2}\,OG,\ BOC=BC\times\tfrac{1}{2}\,OG,\ COD=CD\times\tfrac{1}{2}\,OG,\ldots$$

d'où, faisant la somme,

$$\text{surf. } ABCDEF=(AB+BC+CD+\ldots)\times\tfrac{1}{2}\,OG$$
$$=\text{périmètre}\times\tfrac{1}{2}\,OG.$$

Remarque. Si l'on ne prend qu'une portion AODCB du polygone régulier, sa surface est évidemment égale au produit de la portion correspondante ABCD du périmètre, par la moitié de OG.

THÉORÈME.

139. L'aire d'un cercle est égale au produit de sa circonférence par la moitié du rayon.

Nous avons vu qu'un cercle peut être considéré comme un polygone régulier, ayant la circonférence pour périmètre; alors le rayon du cercle inscrit est le rayon même de la circonférence, et l'on a, d'après le numéro précédent,

$$\text{surface cercle} = \text{circonf.} \times \tfrac{1}{2} \text{ rayon}.$$

Si r est ce rayon, la circonférence est égale à $2\pi r$, et il vient

$$\text{cercle } r = 2\pi r \times \tfrac{1}{2} r = \pi r^2.$$

Corollaire. Les aires de deux cercles sont entre elles comme les carrés de leurs rayons r^2, r'^2.

On a, en effet,

$$\left.\begin{aligned} \text{cercle } r &= \pi r^2 \\ \text{cercle } r' &= \pi r'^2 \end{aligned}\right\} \text{ d'où } \frac{\text{cercle } r}{\text{cercle } r'} = \frac{r^2}{r'^2}.$$

THÉORÈME.

140. L'aire d'un secteur de cercle AOB est égale au produit de la longueur de son arc AB par la moitié du rayon OA.

Le secteur peut, en effet, être assimilé à une portion de polygone régulier ayant le même centre O et terminé au même contour AB; on aura donc (**138**)

$$\text{secteur AOB} = \text{AB} \times \tfrac{1}{2} \text{OA}.$$

Corollaire I. Représentons le rayon par r, et l'angle AOB par a; nous aurons

$$\frac{\text{AB}}{2\pi r} = \frac{a}{360^\circ}, \text{ d'où AB} = \frac{a}{360^\circ} \times 2\pi r.$$

L'expression précédente devient

$$\text{secteur OAB} = \frac{a}{360^\circ} \times 2\pi r \times \tfrac{1}{2} r = \frac{a}{360^\circ} \times \pi r^2.$$

Dans les applications, l'angle a doit être exprimé en degrés et en fractions décimales du degré; ou bien, on convertira 360° en minutes ou en secondes, suivant que a sera donné lui-même en minutes ou en secondes.

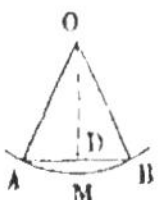

Corollaire II. L'aire d'un segment de cercle AMBA est égale à la différence du secteur AMBOA et du triangle ABOA.

141. APPLICATIONS.

1° On demande la surface d'un trapèze dont la grande base $B = 9^m,4$, la petite base $b = 7^m,3$, et la hauteur $h = 6^m,5$.

$$\text{surf.} = \tfrac{1}{2}(9.4 + 7.3) \times 6.5 = \tfrac{1}{2}(16.7) \times 6.5 = 8.35 \times 6.5 = 54.275$$

c'est-à-dire, $\quad$ surf. $= 54^{\text{mèt. car.}} 27^{\text{décim. car.}} 50^{\text{centim. car.}}$.

2° On demande la superficie d'un bassin circulaire ayant $21^m,6$ de diamètre.

SANS LOGARITHMES.		PAR LOGARITHMES.
$r = 10.8$	$r^2 = 116.64$	$\log.\ \pi = 0.497150$
10.8	$\pi = 3.1416$	$2 \log.\ r = 2.066848$
$8\ 64$	$349\ 92$	$\log.\ \text{surf.}\ 2.563998$
108	$11\ 66$	surf. $= 366^{\text{m. car.}} 43^{\text{d. c.}}$
$r^2 = 116.64$	$4\ 66$	
	12	
	7	
	366.43	

3° Trouver l'aire d'un segment AMBA, sachant que l'angle au centre $a = 60°$ et que le rayon $r = \sqrt{2}$.

On a d'abord,

$$\text{secteur AOB} = \frac{60°}{360°} \times \pi r^2 = \frac{1}{6}\pi r^2.$$

Le triangle AOB est équiangle, et par suite équilatéral; donc $AB = r$. De plus

$$\overline{OD}^2 = \overline{AO}^2 - \overline{AD}^2 = r^2 - \left(\frac{r}{2}\right)^2 = r^2 - \frac{r^2}{4} = \frac{3r^2}{4}$$

donc
$$OD = \frac{r}{2}\sqrt{3}.$$

De là, $\quad$ triangle ABO $= \dfrac{1}{2}r \times \dfrac{r}{2}\sqrt{3} = \dfrac{r^2}{4}\sqrt{3}.$

Il vient donc, $\quad$ segment $= \dfrac{1}{6}\pi r^2 - \dfrac{r^2}{4}\sqrt{3}$

$$= \frac{r^2}{2}\left(\frac{\pi}{3} - \frac{\sqrt{3}}{2}\right).$$

ou mettant pour r^2 sa valeur 2,

$$= \frac{\pi}{3} - \frac{\sqrt{3}}{2}.$$

4° **Trouver le rayon d'un cercle dont la surface $s = \pi$.**

De $s = \pi r^2$ on tire $r^2 = \frac{s}{\pi}$ et $r = \sqrt{\frac{s}{\pi}}$;

ici $s = \pi$, et par conséquent $r = 1$.

DEUXIÈME PARTIE.

—

GÉOMÉTRIE DANS L'ESPACE.

DU PLAN ET DE LA LIGNE DROITE DANS L'ESPACE.

THÉORÈME.

142. **Par trois points A, B, C, non-situés sur une même ligne droite, on peut toujours faire passer un plan et on n'en peut faire passer qu'un.**

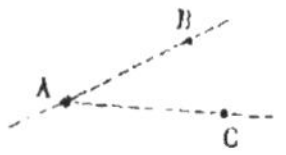

Traçons la droite AB qui passe par deux de ces points, et suivant cette droite, concevons un plan quelconque : si l'on fait tourner ce plan autour de AB, il arrive un moment où il passe par le point C ; on peut donc faire passer un plan par les trois points.

Ce plan est unique, car le plan tournant autour de AB, ne contient le point C qu'à un instant donné ; immédiatement avant et immédiatement après, il cesse de passer par ce point.

Ainsi, trois points, non-situés en ligne droite, déterminent la position d'un plan dans l'espace.

COROLLAIRE I. *Une droite* AB *et un point* C *hors de cette droite*, ou bien encore *deux droites* AB, AC, *qui se coupent, déterminent la position d'un plan.*

Car le plan, passant par les trois points A, B, C, contient ces droites, et aucun autre plan ne peut d'ailleurs les contenir, parce qu'il passerait en même temps par les trois points A, B, C, et se confondrait avec le premier plan.

COROLLAIRE II. *Deux parallèles* AB, CD, *déterminent la position d'un plan.*

Ces droites parallèles sont d'abord dans un même plan, d'après leur définition (**41**).

Aucun autre plan ne peut les contenir ; car, passant alors par les trois points A, B, C, non en ligne droite, il doit se confondre avec le premier.

COROLLAIRE III. *Par un point* C, *on ne peut mener dans l'espace qu'une seule parallèle à une droite donnée* AB.

Car cette parallèle doit être comprise dans le plan unique passant par C, et par AB, et l'on sait que sur un plan, on ne peut mener, par un point, qu'une seule parallèle à une droite.

THÉORÈME.

143. **L'intersection de deux plans est une ligne droite.**

Prenons, en effet, deux points sur la ligne d'intersection, et concevons une droite par ces deux points ; puisqu'ils sont à la fois sur les deux plans, la droite doit se trouver aussi sur chacun d'eux (**8**) ; elle leur est donc commune.

Elle passe d'ailleurs par tous les points de leur intersection ; car, si ces deux plans avaient un seul point commun en dehors de cette droite, ils se confondraient (**142**).

THÉORÈME.

144. **Toute droite AB, perpendiculaire à deux autres droites BC, BD, situées dans deux plans différents AQ, AR, autour de cette droite, et qui la coupent au même point B, est perpendiculaire à toute autre droite BE, menée par le pied B, dans le plan P, des droites BC, BD.**

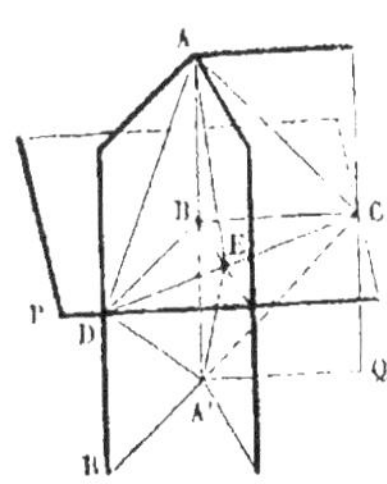

On sait (**18**) que par un point B d'une droite AB, *dans un plan donné* AQ, on ne peut mener qu'une seule perpendiculaire BC ; si l'on fait tourner ce plan autour de AB, la droite BC prend diverses positions successives autour du point B, sans cesser d'être perpendiculaire à AB. On voit ainsi comment une droite AB peut être perpendiculaire, en un même point, à plusieurs

autres droites, du moment que ces autres droites sont situées dans des plans différents, passant par AB.

Ceci compris, nous supposons que la droite AB est perpendiculaire à deux droites BC, BD, et il s'agit de démontrer qu'elle sera perpendiculaire à une droite quelconque BE, menée du point B dans le plan P, formé par les droites BD, BC.

Pour cela, prenons, sur le prolongement de AB, une longueur BA′ = BA ; traçons, dans le plan P, une droite DC qui rencontre les trois droites BC, BD, BE, et joignons les points d'intersection C, D, E, aux points A, A′.

Dans le plan AQ, les deux triangles ABC, A′BC, ont un angle égal CBA = CBA′ comme droits, compris entre deux côtés égaux chacun à chacun, savoir BC commun et BA = BA′ : donc, AC = A′C.

De même, dans le plan AR, l'égalité des triangles ABD, A′BD, donne AD = A′D.

Les deux triangles ADC, A′DC, qui ont déjà un côté commun DC, ont les deux autres côtés égaux, et peuvent se superposer. Si l'on fait tourner, par exemple, A′DC autour de DC, le sommet A′ viendra coïncider avec le point A. Dans ce mouvement, le point E reste fixe ; donc, EA′ se confondra avec EA.

Par suite, les deux triangles ABE, A′BE, ont les trois côtés égaux, et les angles ABE, A′BE, sont égaux : donc, AA′ est perpendiculaire sur BE.

Corollaire. Il résulte de là que si l'on fait tourner, autour de la droite AB, une perpendiculaire BC à cette droite, la ligne BC engendrera un plan P, déterminé par deux de ses positions BC, BD ; car, pour toute autre position, par exemple quand elle sera sur le plan ABE, elle coïncidera avec une ligne BE, menée dans le plan P.

145. Perpendiculaire à un plan. D'après ce qui vient d'être démontré, une droite qui rencontre un plan, peut être perpendiculaire à toutes les droites menées par son pied dans ce plan ; on dit alors que la droite est *perpendiculaire ou normale au plan*, et réciproquement que le plan est perpendiculaire ou normal à la droite.

Il suffit de savoir qu'une droite est perpendiculaire à deux autres qui passent par son pied dans un plan, pour en conclure qu'elle est perpendiculaire à ce plan.

Oblique à un plan. Toute droite non perpendiculaire à un plan qu'elle rencontre, est dite *oblique à ce plan,* et réciproquement, le plan est dit oblique à la droite.

Puisqu'une droite, perpendiculaire à un plan, est perpendiculaire à toutes les droites qui passent par son pied dans ce plan, une ligne, oblique à une seule droite passant par son pied dans un plan, est oblique à ce plan.

Droite et plan parallèles. Quand une droite et un plan ne se rencontrent pas, quelle que soit la distance à laquelle on les prolonge, on dit qu'ils sont *parallèles.*

Plans parallèles. De même, deux plans sont *parallèles,* quand ils ne peuvent jamais se rencontrer.

THÉORÈME.

146. Par un point A donné sur un plan P ou hors de ce plan, on peut toujours mener une perpendiculaire AB à ce plan, et on n'en peut mener qu'une.

Prenons une droite quelconque IK ; concevons deux plans différents passant par cette droite et menons, dans chacun de ces plans, les droites KL, KM perpendiculaires à cette droite ; alors IK est perpendiculaire au plan Q de ces deux droites.

Transportons cette figure de manière à appliquer le plan Q sur le plan P ; il est toujours possible de faire glisser le plan Q sur l'autre, de telle sorte que la ligne IK vienne passe au point A ; la position qu'occupe alors cette ligne, donne une perpendiculaire AB au plan P, menée par le point A.

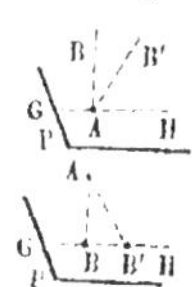

Cette perpendiculaire est unique ; car toute autre droite AB′ menée par le point A, est oblique au plan. Si l'on conçoit, en effet, un plan par AB et AB′, il coupera le plan P suivant la droite GH. Or AB étant perpendiculaire au plan P, l'est sur la droite GH située dans ce plan ; mais dans un plan BAB′ on ne peut mener par le point A, qu'une perpendiculaire à une droite GH située dans ce même plan ; donc AB′ est une oblique à la droite GH, et par conséquent au plan P.

THÉORÈME.

147. Par un point C donné sur une droite AB ou hors de cette droite, on peut toujours mener un plan perpendiculaire à cette droite, et on n'en peut mener qu'un.

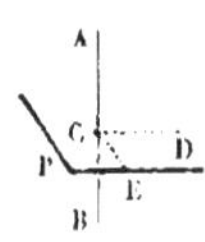

Si le point C est sur la droite, on conçoit deux plans quelconques par AB, et dans chacun de ces plans, on mène par le point C les droites CD, CE, perpendiculaires à AB; le plan P de ces deux droites est perpendiculaires à AB.

Si le point C est pris hors de la droite AB, on mène dans le plan passant par AB et le point C, la ligne CD perpendiculaire à AB; par le point D, dans un autre plan passant suivant AB, on mène une seconde perpendiculaire DE à AB, et le plan P des lignes DC, DE est perpendiculaire à cette droite.

Ce plan perpendiculaire mené par le point C est unique; car tout autre plan P′ passant par ce point, sera oblique à la droite.

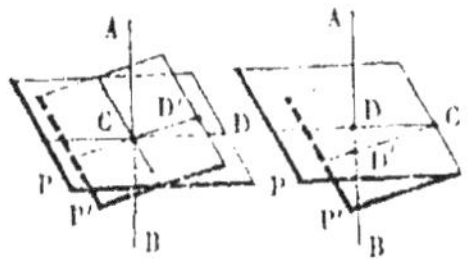

Conduisons, en effet, par AB un plan qui coupe les plans P, P′, suivant deux droites différentes CD, CD′; la droite AB étant perpendiculaire au plan P, est perpendiculaire à la ligne CD située dans le plan P; donc elle est oblique à la droite CD′ puisque d'un point C, on ne peut mener dans le plan sécant qu'une perpendiculaire CD à la droite AB. Or la droite CD′ est dans le plan P′, la ligne AB est donc oblique à ce plan.

THÉORÈME.

148. Si d'un point A pris hors d'un plan P, on mène à ce plan la perpendiculaire AB et diverses obliques AC, AD, AE,....

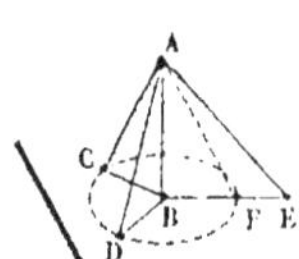

1° La perpendiculaire AB est plus courte que toute oblique AC;

2° Deux obliques AC, AD, qui s'écartent de quantités égales BC = BD du pied de la perpendiculaire sont égales;

3° De deux obliques AE, AC, qui s'écartent du pied de la perpendi-

culaire de quantités inégales BE > BC, la plus grande est l'oblique AE qui s'en écarte le plus.

1° Dans la figure plane ABC, la ligne AB est perpendiculaire à BC ; elle est donc plus courte que l'oblique AC (**37**).

2° Les deux triangles ABC, ABD rectangles en B, ont le côté AB commun et le côté BC = BD ; ils sont donc égaux, et il vient AC = AD.

3° Si l'on prend sur BE la longueur BF = BC, on a AF = AC ; dans la figure plane ABE, BE étant > BF, il vient AE > AF ou > AC.

Réciproques. Les réciproques se démontrent comme au n° **37**.

Remarque I. La perpendiculaire étant la plus courte ligne menée d'un point à un plan, sert à mesurer la distance du point à ce plan.

Remarque II. Les extrémités C, D, F,... des obliques égales sont situées sur une circonférence ayant son centre au pied B de la perpendiculaire.

On déduit de là que, pour abaisser d'un point A hors d'un plan, une perpendiculaire à ce plan, il suffit de marquer sur le plan trois points C, D, F, équidistants du point A, de chercher ensuite le centre B du cercle passant par ces trois points, et de joindre le point A au point B.

THÉORÊME.

149. Si par le point D milieu de la droite AB, on mène un plan P perpendiculaire à cette droite,

1° Tout point C de ce plan est à égale distance des extrémités A, B de la droite;

2° Tout point E pris hors du plan est inégalement distant des mêmes extrémités.

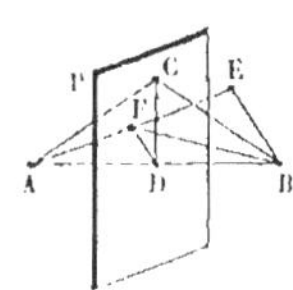

1° Concevons un plan par le point C et la droite AB ; il coupe le plan P suivant une ligne CD, qui est perpendiculaire sur le milieu de AB ; donc les obliques CA, CB sont égales (**38**, 1°).

2° Concevons également un plan par le point E et la droite AB ; il coupe encore le plan P suivant la ligne DF perpendiculaire sur le milieu de AB ; le point E étant hors de cette perpendiculaire, on a EB < EA (**38**, 2°).

REMARQUE. Le plan P est le lieu géométrique des points de l'espace, également distants des extrémités de la droite AB.

THÉORÈME.

150. 1° Si deux droites Aa, Bb, sont parallèles entre elles, et si l'une d'elles Aa est perpendiculaire à un plan P, l'autre est aussi perpendiculaire à ce plan.

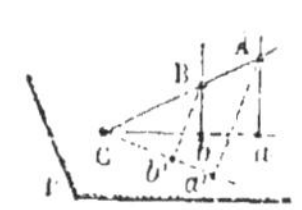

Il suffit de faire voir que la ligne Bb qui mesure la distance d'un point quelconque B de la seconde droite à son pied b, est plus courte que *toute autre* droite Bb' menée de ce point au plan.

Les droites Aa, Bb, étant parallèles, sont situées dans un même plan, qui coupe le plan P suivant la ligne ab ; par le point B traçons dans ce même plan, une droite ABC qui rencontre le plan P et ab en C, et coupe la ligne Aa en un certain point A ; concevons par cette droite et par Bb', un autre plan qui coupe le plan P suivant Cb', et menons enfin, dans cet autre plan, la ligne Aa' parallèle à Bb'.

Puisque Aa est parallèle à Bb, et que Aa' est parallèle à Bb', les triangles ACa, BCb, sont semblables, ainsi que les triangles ACa', BCb' ; il vient donc

$$\left.\begin{aligned}&\text{d'une part } \frac{AC}{BC}=\frac{Aa}{Bb}\\ &\text{de l'autre } \frac{AC}{BC}=\frac{Aa'}{Bb'}\end{aligned}\right\}\ \text{d'où l'on tire } \frac{Aa}{Bb}=\frac{Aa'}{Bb'}.$$

Mais Aa perpendiculaire au plan P, est moindre que Aa' ; il faut donc qu'on ait aussi Bb < Bb'.

2° Réciproquement, deux droites Aa, Bb, perpendiculaires à un même plan P, sont parallèles entre elles.

Car si Bb n'était pas parallèle à Aa, menant par le point B une parallèle à Aa, cette autre droite serait perpendiculaire au plan P ; on aurait donc au point B, deux droites perpendiculaires à un même plan, ce qui est impossible.

COROLLAIRE. **Deux droites AA', BB', parallèles chacune à une troisième droite MM' dans l'espace, sont parallèles entre elles.**

Menons un plan P perpendiculaire à MM' ; il sera perpendiculaire sur AA′ et sur BB′ parallèles à MM′ ; donc ces deux lignes AA′, BB′, perpendiculaires à un même plan P, sont parallèles entre elles.

THÉORÈME.

151. La projection d'une droite sur un plan, est elle-même une ligne droite.

On entend d'abord par *projection* d'un point A sur un plan P, le pied a de la perpendiculaire Aa abaissée de ce point sur le plan.

La *projection d'une ligne* sur un plan, est la suite des projections de tous les points de cette ligne sur le plan.

Il s'agit de faire voir que si la ligne est droite, sa projection est aussi une ligne droite.

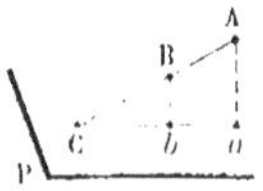

Soit AB cette droite ; projetons un de ses points A sur le plan P, en menant la perpendiculaire Aa sur ce plan, puis par les lignes AB, Aa, concevons un plan qui coupe le plan P suivant la droite ab ; nous allons démontrer que cette droite est précisément la projection de AB.

Considérons, en effet, un point quelconque B de AB, et abaissons de ce point une perpendiculaire Bb sur ab ; il est facile de reconnaître que le point b sera la projection de B sur le plan. Car Aa, perpendiculaire au plan P, est perpendiculaire à ab ; la droite Bb est aussi perpendiculaire à ab et dans le même plan BAab que Aa ; donc les droites Bb, Aa, situées sur un même plan et perpendiculaires à une même droite, sont parallèles entre elles. Or, Aa est perpendiculaire au plan P ; sa parallèle Bb est donc perpendiculaire à ce plan (**150**), et le point b est la projection de B.

Ainsi, tous les points de AB viendront se projeter sur ab ; cette dernière droite est donc la projection de AB.

Remarque. Pour obtenir la projection d'une droite AB sur un plan P, il suffit d'avoir les projections a, b de deux de ses points, A, B, et de les joindre par une ligne droite.

Quand la ligne AB rencontre le plan en un point C, ce point étant lui-même sa projection, on l'emploiera de préférence.

Lorsque la droite est perpendiculaire au plan, sa projection se réduit à ce point de rencontre.

THÉORÊME.

152. Si par le pied B d'une oblique AB à un plan P, on mène dans ce plan une droite CD perpendiculaire à la projection aB de l'oblique, cette droite CD est aussi perpendiculaire à l'oblique AB.

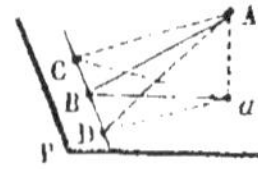

Soit a la projection d'un point quelconque A de l'oblique ; prenons $BC = BD$ et joignons les points C, D aux points A, a.

aB étant perpendiculaire sur le milieu de CD, on a $aC = aD$. Les obliques au plan AC, AD, s'écartent donc également du pied a de la perpendiculaire Aa, et par suite sont égales entre elles ; ainsi le triangle ACD est isoscèle et l'on sait que la droite AB qui joint le sommet au milieu de la base CD est perpendiculaire à cette base.

Ce théorème est connu sous le nom de *propriété de l'oblique et de sa projection.*

Corollaire. La ligne CD perpendiculaire à la fois aux deux droites Ba, BA, est perpendiculaire au plan ABa de ces deux droites.

THÉORÊME.

153. 1° Si deux droites AB, CD, sont parallèles, tout plan P, passant par l'une d'elles CD, est parallèle à l'autre AB.

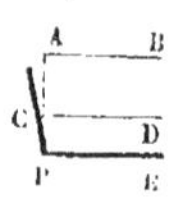

Car la ligne AB est dans le même plan que CD ; elle ne pourrait donc rencontrer le plan P, qui passe par CD, qu'en coupant la ligne CD, qui lui est supposée parallèle.

2° Si une droite AB est parallèle à un plan P, tout plan BACD, mené par la droite AB, coupe l'autre plan suivant une parallèle CD à cette droite.

Car si la ligne AB rencontrait CD, contenue dans le plan P, elle rencontrerait le plan P, ce qui est contre l'hypothèse.

Corollaire. Si par deux droites parallèles AB, PE, on mène deux plans qui se coupent, leur intersection CD est parallèle aux deux autres droites.

Car le plan P, passant par PE parallèle à AB, est parallèle à cette droite AB (1°) ; donc, le plan BACD, qui passe par AB, coupe le plan P suivant une droite CD, également parallèle à

AB (2°) : cette intersection est donc parallèle aux deux droites AB, PE (**149**).

THÉORÈME.

154. Les intersections AB, CD, de deux plans parallèles P, Q, par un troisième plan, sont parallèles entre elles.

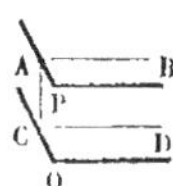

Car les deux droites AB, CD, sont d'abord dans un même plan ; situées, d'ailleurs, l'une sur le plan P et l'autre sur le plan Q, qui n'ont aucun point commun, elles ne peuvent se rencontrer.

THÉORÈME.

155. 1° Deux plans P, Q, perpendiculaires à une même droite AB, sont parallèles entre eux.

Ces deux plans n'ont, en effet, aucun point commun, puisque, d'un même point, on ne peut mener deux plans perpendiculaires à une même droite.

2° Si deux plans P, Q, sont parallèles, toute droite AB perpendiculaire à l'un d'eux Q, est perpendiculaire à l'autre P.

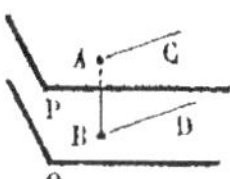

Il suffit de faire voir que AB est perpendiculaire à *toute droite* AC, qui passe par son pied dans le plan P.

Concevons, pour cela, un plan par AC, AB; il coupe le plan Q suivant une droite BD parallèle à AC (**154**). Mais la droite AB, perpendiculaire au plan Q, est perpendiculaire à BD ; elle est donc aussi perpendiculaire à AC, parallèle à BD.

Remarque. Pour mener par un point A un plan parallèle à un plan donné Q, on abaisse la droite AB perpendiculaire sur Q, et, par le point A, on mène un plan P, perpendiculaire à AB (1°).

Le plan P est le seul qu'on puisse faire passer, au point A, parallèlement au plan Q; car tout autre plan parallèle, passant par A, serait perpendiculaire à AB (2°), et se confondrait avec le plan P.

Corollaire. *Deux plans P, Q, parallèles à un troisième R, sont parallèles entre eux.*

En effet, si l'on conçoit une droite perpendiculaire au plan R, elle est perpendiculaire à chacun des plans P, Q, parallèles à

R (2°); les deux plans P, Q, perpendiculaires à une même droite, sont donc parallèles entre eux (1°).

THÉORÊME.

156. Les droites parallèles AB, CD, comprises entre deux plans parallèles P, Q, sont égales entre elles.

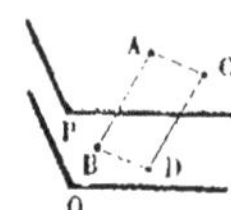

Car le plan qui passe par ces droites, coupe les plans P, Q, suivant deux droites AC, BD, parallèles entre elles; la figure ABDC est donc un parallélogramme, et l'on a AB = CD.

COROLLAIRE. *Deux plans parallèles* P, Q, *sont partout à égale distance.*

Car si l'on mène deux droites AB, CD, perpendiculaires à l'un des plans Q, elles seront perpendiculaires à l'autre et de plus parallèles entre elles : donc, AB = CD.

THÉORÊME.

157. Deux droites quelconques AC, DF, rencontrées par trois plans parallèles P, Q, R, sont divisées en parties proportionnelles.

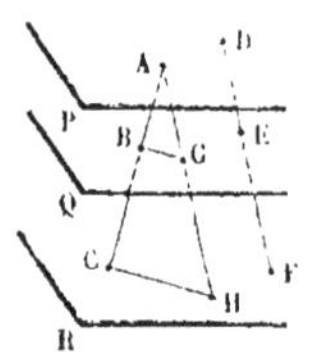

C'est-à-dire que si A, B, C, sont les points où la première droite traverse les plans, et si D, E, F, sont les points analogues de la seconde droite, on aura

$$\frac{AB}{BC} = \frac{DE}{EF}$$

Pour le démontrer, par le point A, menons, parallèlement à la droite DF, la droite AH qui traverse les plans Q, R, aux points G, H : il vient d'abord

$$AG = DE, \ GH = EF.$$

Concevons maintenant un plan par les droites AC, AH ; il coupe les plans parallèles Q, R, suivant les droites parallèles BG, CH : on a, par suite,

$$\frac{AB}{BC} = \frac{AG}{GH}$$

ou remplaçant AG, GH, par leurs valeurs

$$\frac{AB}{BC} = \frac{DE}{EF}$$

THÉORÈME.

158. Si deux angles ABC, DEF, situés dans deux plans différents P, Q, ont leurs côtés parallèles,

1° Ils sont égaux ou supplémentaires.

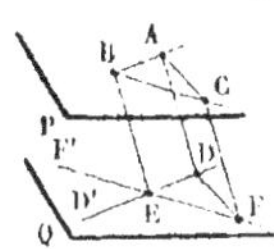

Prenons BA = ED, BC = EF, et traçons les lignes BE, AD, CF, AC, DF. La droite BA étant égale et parallèle à ED, le quadrilatère ABED est un parallélogramme ; donc, AD est égale et parallèle à BE. Semblablement, la droite BC étant égale et parallèle à EF, la ligne CF est égale et parallèle à BE.

Les deux lignes AD, CF, sont donc égales et parallèles entre elles, comme étant égales et parallèles à une même droite BE ; par conséquent, la figure ADFC est un parallélogramme, et il vient AC = DF.

Donc, enfin, les deux triangles ABC, EDF, qui ont leurs trois côtés égaux chacun à chacun, sont égaux, et il en résulte l'égalité des deux angles ABC, DEF.

Nous avons supposé que les deux angles avaient leurs côtés dirigés dans le même sens. L'égalité subsisterait encore, si les côtés étaient dirigés en sens contraires ; par exemple, l'angle D'EF', égal à son opposé au sommet DEF, est aussi égal à ABC.

Dans tous les autres cas, les angles sont supplémentaires ; tels sont les angles ABC, FED'.

2° Les plans P, Q, des deux angles, sont parallèles entre eux.

En effet, si l'on conçoit, par le sommet B, un plan parallèle à Q, ce plan doit couper les droites AD, CF, parallèles à EB, à des distances du plan Q égales à EB, c'est-à-dire aux points A et C : passant par trois points B, A, C, du plan P, il n'est autre que ce plan lui-même.

DES ANGLES DIÈDRES.

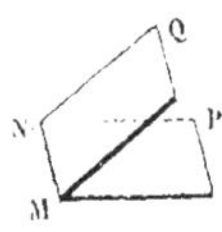

159. Angle dièdre. On entend par *angle dièdre* ou simplement par *dièdre,* l'ouverture plus ou moins grande de deux plans MP, MQ, qui se coupent,

Les plans MP, MQ, se nomment les *faces* du dièdre, et l'intersection MN, des deux plans, en est l'*arête*. L'étendue des faces ne change rien à leur ouverture, c'est-à-dire à la valeur du dièdre.

Quand un dièdre est isolé, on le désigne par son arête MN; mais si plusieurs dièdres ont la même arête, on énonce les deux faces, et l'on dit, par exemple, le dièdre PMQ.

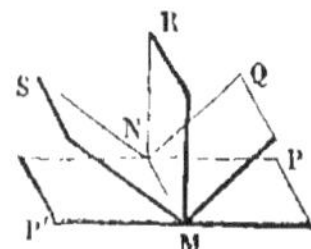

160. Génération de l'angle dièdre. L'angle dièdre a son origine dans la rotation d'un plan MQ, autour d'une droite MN contenue dans ce plan. Supposons d'abord ce plan couché sur le plan MP ; puis, faisons-le tourner autour de MN; il s'écartera de plus en plus du plan P, et prendra les positions successives MQ, MR, MS, pour arriver à la direction opposée MP'.

Angle dièdre droit. Quand un plan MR fait avec un plan PP' deux angles dièdres *adjacents* égaux, on dit que chaque *dièdre* est *droit* et que le plan MR est *perpendiculaire* sur l'autre plan PP'.

Angle dièdre aigu ou obtus. Quand les deux angles adjacents sont inégaux, le plus petit QMP est *aigu*, et l'autre QMP' est *obtus*.

Les angles dièdres, adjacents ou opposés par l'arête, jouissent de propriétés correspondantes à celles des angles rectilignes adjacents ou opposés par le sommet; on les démontre par des raisonnements semblables à ceux qui ont été donnés dans la géométrie plane. Nous admettrons donc les propositions suivantes :

1° Par une droite MN d'un plan P, on ne peut élever qu'un plan R perpendiculaire au plan P.

2° Les angles dièdres droits sont égaux entre eux.

3° La somme de deux dièdres adjacents QMP, QMP', formés d'un même côté d'un plan indéfini P'P, par un autre plan MQ, est égale à deux angles dièdres droits.

4° Quand deux angles dièdres adjacents valent ensemble deux droits, leurs faces extérieures forment un même plan.

5° Les angles opposés par l'arête sont égaux.

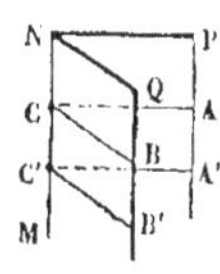

161. Angle plan. On nomme *angle plan* correspondant à un angle dièdre QMP, l'angle rectiligne ACB formé par deux perpendiculaires CA, CB à l'arête MN, menées d'un même point C de cette arête dans chacune des faces MNP, MNQ du dièdre.

En menant par le point C un plan perpendiculaire à l'arête, on détermine l'angle rectiligne ACB par les intersections de ce plan avec les deux faces du dièdre.

L'angle plan est le même, quel que soit le point de l'arête par lequel on mène les perpendiculaires.

Par exemple, en C', on aura l'angle A'C'B' = ACB ; car, les côtés CA, C'A', sont parallèles, comme étant perpendiculaires à la droite MN, dans le plan MNP ; de même, les côtés CB, C'B', sont parallèles, comme étant perpendiculaires à la droite MN, dans le plan MNQ ; les deux angles ont d'ailleurs leurs côtés dirigés dans le même sens ; ils sont donc égaux.

THÉORÈME.

162. Le rapport de deux angles dièdres PMQ, P'M'Q', est le même que celui des angles plans correspondants ACB, A'C'B'.

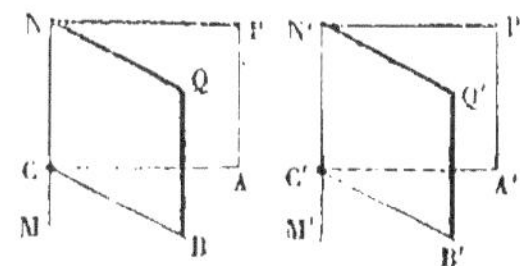

Supposons d'abord les deux angles plans ACB, A'C'B', égaux entre eux, et montrons que les deux dièdres sont aussi égaux.

Portons la seconde figure sur la première, de manière à appliquer l'angle A'C'B' sur son égal ACB ; alors, l'arête C'N', perpendiculaire au plan A'C'B', prend la direction de l'arête CN, perpendiculaire au plan ACB. Par suite, les faces des dièdres coïncident ; car, d'une part, les deux droites C'A', C'N', du plan M'N'P', se confondent avec les deux droites CA, CN, du plan MNP ; de l'autre, les deux droites C'B', C'N', du plan M'N'Q', se confondent avec les deux droites CB, CN, du plan MNQ, et l'on sait que, par deux droites, on ne peut faire passer qu'un seul plan.

Les deux angles dièdres coïncident donc l'un avec l'autre et sont égaux entre eux.

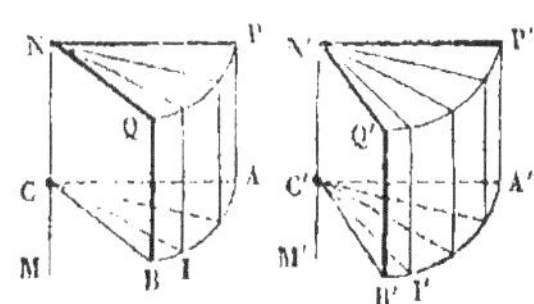

Supposons, en second lieu, les angles plans inégaux ; prenons, pour les comparer, un petit angle rectiligne, et portons cette commune mesure sur les deux angles plans, à partir de CA et de C'A', le plus grand nombre de fois que nous le pourrons, par exemple,

2 fois jusqu'en CI, et 3 fois jusqu'en C'I' ; les *angles restants* ICB, I'C'B', *sont, chacun, moindres que cette commune mesure.*

Les angles commensurables ACI, A'C'I', donnent la relation

$$\frac{\text{ACI}}{\text{A'C'I'}} = \frac{2}{3}.$$

Menons des plans par les arêtes MN, M'N', et par chaque ligne de division ; les angles dièdres ANI, A'N'I', seront décomposés en dièdres partiels égaux, d'après ce qu'on vient de prouver ; le premier angle ANI en contiendra 2 et l'autre 3 ; on aura donc

$$\frac{\text{dièdre ANI}}{\text{dièdre A'N'I'}} = \frac{2}{3}; \quad \text{donc} \quad \frac{\text{dièdre ANI}}{\text{dièdre A'N'I'}} = \frac{\text{ACI}}{\text{A'C'I'}}.$$

Cette démonstration est indépendante du degré de petitesse de la commune mesure ; elle existe donc, quand cette commune mesure est moindre que toute quantité imaginable ; alors, les lignes CI, C'I', se confondent avec les lignes CB, C'B' et les angles dièdres ANI, A'N'I', avec les angles dièdres proposés ; on a donc généralement

$$\frac{\text{dièdre ANB}}{\text{dièdre A'N'B'}} = \frac{\text{ACB}}{\text{A'C'B'}}.$$

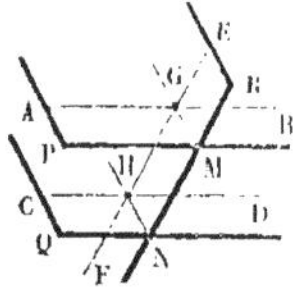

Corollaire. Les angles dièdres étant égaux quand leurs angles plans le sont, on en conclut que si deux plans parallèles P, Q, sont coupés par un troisième plan R, les angles dièdres que forme ce plan sécant avec les deux autres sont égaux ou supplémentaires, comme les angles rectilignes que forme une sécante avec deux droites parallèles (**45**).

Concevons, en effet, un plan perpendiculaire à l'une des intersections en G, c'est-à-dire à l'une des arêtes MG des dièdres ; l'autre arête NH étant parallèle à la première (**154**), ce plan lui est aussi perpendiculaire (**150**) en H, et il coupe les trois plans P, Q, R, suivant les droites AB, CD, EF, *perpendiculaires* aux deux arêtes MG, NH (**145**) ; les angles formés par ces droites sont donc les angles plans des dièdres. Mais les droites AB, CD, sont parallèles (**154**) ; par suite, les propositions du nº **45** relatives à deux droites parallèles, rencontrées par une sécante, s'étendent à deux plans parallèles coupés par un troisième plan. Il résulte de là, par exemple, que les angles dièdres *correspondants* sont égaux, et que les angles dièdres *externes d'un même côté* sont supplémentaires.

THÉORÈME.

163. Un angle dièdre a pour mesure l'angle plan qui lui correspond.

Appelons D, D', deux angles dièdres et A, A', les angles plans qui leur correspondent ; nous aurons

$$\frac{D}{D'}=\frac{A}{A'}$$

Si l'on convient de prendre *simultanément* l'angle dièdre D' pour unité de dièdre, et l'angle plan correspondant A' pour unité d'angle rectiligne, cette relation donne :

$$\frac{D}{\text{unité de dièdre}}=\frac{A}{\text{unité d'angle plan}} \text{ ou } D=A.$$

Ce qu'on exprime en disant que *l'angle dièdre a même mesure que son angle plan.*

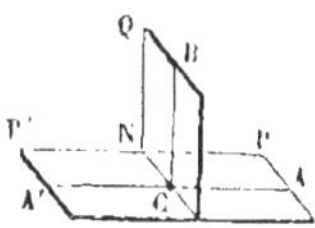

Remarque. Quand l'unité d'angle dièdre est l'angle dièdre droit formé par deux plans perpendiculaires l'un à l'autre, l'unité d'angle rectiligne est aussi l'angle droit.

Car si un angle dièdre PMQ est droit, les deux angles dièdres adjacents PMQ, P'MQ, sont égaux ; leurs angles plans ACB, A'CB, sont donc aussi égaux, et par suite, l'angle ACB est droit.

La réciproque est non moins évidente.

THÉORÈME.

164. 1° Tout plan Q, qui passe par une droite BC, perpendiculaire à un autre plan P, est lui-même perpendiculaire à ce plan.

Menons dans le plan P, la droite CA perpendiculaire à l'intersection MN des deux plans. La droite BC, perpendiculaire au plan P, est perpendiculaire aux deux droites CN, CA ; donc d'une part, l'angle BCA mesure l'angle dièdre QMP, et de l'autre, il est droit ; par conséquent, il en est de même de l'angle dièdre, et les plans Q, P, sont perpendiculaires entre eux.

2° Si deux plans Q, P, sont perpendiculaires, toute droite BC, menée dans l'un d'eux Q, perpendiculairement à l'intersection commune MN, est perpendiculaire à l'autre plan P.

Menons encore dans le plan P, la droite CA perpendiculaire à MN ; l'angle BCA mesure l'angle dièdre qu'on suppose droit ; donc BC est perpendiculaire sur CA ; par suite, BC perpendiculaire aux deux droites CA, CN, contenues dans le plan P, est perpendiculaire à ce plan.

Corollaire. *Deux plans* Q, P, *étant perpendiculaires entre eux, toute droite menée d'un point* B *de l'un d'eux* Q, *perpendiculairement à l'autre plan* P, *est toute entière dans le plan* Q.

Car si l'on mène de ce point, dans le plan Q, une perpendiculaire BC à l'intersection commune, elle est perpendiculaire au plan P, et l'on sait que d'un point B on ne peut mener qu'une seule perpendiculaire à ce plan.

THÉORÊME.

165. Lorsque deux plans P, Q, qui se coupent, sont perpendiculaires à un troisième plan R, leur intersection MN est aussi perpendiculaire à ce plan.

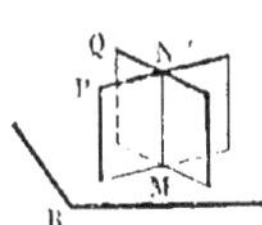

En effet, d'un point N de cette intersection, abaissons une droite perpendiculaire sur le plan R ; le point N étant à la fois sur les plans P, Q perpendiculaires à R, cette droite se trouve sur ces deux plans ; elle n'est donc autre que leur intersection MN.

THÉORÊME.

166. L'angle de deux plans P, Q, et l'angle des perpendiculaires DB, EC, à ces plans, menées d'un même point A, sont égaux ou supplémentaires.

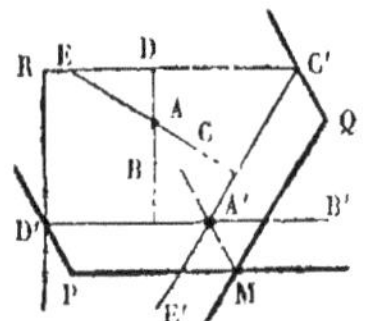

Par les deux perpendiculaires concevons un plan R, coupant les deux autres suivant les droites D'B', E'C'. Ce plan est lui-même perpendiculaire à chacun des deux autres (**164, 1°**) ; l'intersection MA' de ces derniers est donc perpendiculaire au plan R, et aux droites D'B', E'C' qui y sont contenues ; par suite l'angle de ces deux droites mesure l'angle des deux plans (**163**).

Or les droites DB, EC, respectivement perpendiculaires aux plans P, Q, le sont également aux droites D'B', E'C' situées sur ces plans ; les angles qu'elles forment en A et en A' sont donc égaux ou supplémentaires, suivant que l'on considère les angles de même ou de différente espèce (48).

ANGLES SOLIDES OU POLYÈDRES.

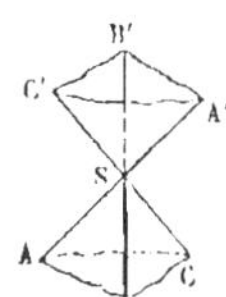

167. Angle solide. On nomme *angle solide* ou *angle polyèdre*, la figure formée par plusieurs plans qui se coupent autour d'un même point.

Quand le nombre des plans est égal à trois, l'angle solide s'appelle *angle trièdre* ou simplement *trièdre*.

On donne le nom d'*arêtes* de l'angle solide aux intersections des plans qui le composent, de *sommet* au point de concours des arêtes, de *faces* à l'étendue plane comprise entre les arêtes, d'*angles plans* à l'angle rectiligne de deux arêtes consécutives, d'*angles dièdres* aux angles de deux faces qui se suivent.

Un trièdre contient trois angles plans ASB, BSC, ASC, et trois angles dièdres ayant pour arêtes SA, SB, SC.

Si on prolonge ces arêtes, on forme un nouveau trièdre SA'B'C' composé des mêmes éléments que le premier; par exemple, les angles dièdres SB, SB', sont égaux comme formés par les mêmes plans, en sens inverse, et les angles plans ASB, A'SB', sont égaux comme opposés par le sommet. Toutefois les parties ne sont pas disposées de la même manière, ou dans le même sen les unes par rapport aux autres; de sorte que les deux trièdres ne pourraient pas se superposer.

THÉORÈME.

168. Dans tout angle trièdre SABC, un angle plan quelconque est plus petit que la somme des deux autres.

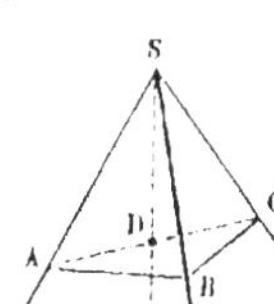

Il suffit évidemment de démontrer cette proposition pour le plus grand des trois angles plans, que nous supposons être l'angle ASC.

Formons avec SA, dans le plan ASC, un angle ASD = ASB, et prenons sur SD et SB deux longueurs égales SD = SB. Par le point D traçons une droite qui coupe les arêtes SA, SC, en deux points A, C, et joignons BA, BC.

Les deux triangles ADS, ABS, ont un angle égal ASD = ASB, compris entre deux côtés égaux chacun à chacun, SA commun et SD = SB ; ils sont donc égaux et donnent AD = AB.

Or, on a AC < AB + BC, c'est-à-dire AD + DC < AB + BC ; donc DC < BC.

Cela posé, les deux triangles CSD, CSB, ont deux côtés égaux chacun à chacun, SC commun, et SD = SB ; le troisième côté DC de l'un étant plus petit que le troisième côté de l'autre, il en est de même des angles opposés ; donc CSD < CSB, et ajoutant deux quantités égales ASD = ASB, on obtient enfin ASC < ASB + BSC.

Corollaire. Dans un angle polyèdre S, chaque angle plan est plus petit que la somme de tous les autres.

Considérons, par exemple, l'angle plan ASB ; en concevant des plans par l'arête SA, et chacune des arêtes non adjacentes SC, SD, on a successivement :

$$\left.\begin{array}{l} ASB < BSC + ASC \\ ASC < CSD + ASD \\ ASD < DSE + ASE \end{array}\right\}$$

d'où, par addition, en supprimant ASC et ASD de part et d'autre,

$$ASB < BSC + CSD + DSE + ASE.$$

DES POLYÈDRES.

169. Polyèdres. Un polyèdre est un corps terminé de toutes parts par des surfaces planes. Ces surfaces se coupent suivant des lignes droites et forment des polygones plans, nommés les *faces* du polyèdre. Les côtés de ces polygones qui joignent deux *sommets* contigus du polyèdre, en sont les *arêtes*. Si l'on joint deux autres sommets, dans une même face, on obtient une *diagonale* de la face, et si l'on joint deux sommets non situés sur la même face, on a ce qu'on appelle une *diagonale du polyèdre*.

Le polyèdre le plus simple est le *tétraèdre*, compris entre quatre faces seulement. Le polyèdre de six faces se nomme *hexaèdre* ; celui de huit, *octaèdre* ; celui de douze, *dodécaèdre*; celui de vingt *icosaèdre*.

Un polyèdre est régulier, quand toutes ses faces sont des polygones réguliers égaux, et que tous ses angles solides sont égaux entre eux. On démontre que les cinq polyèdres que nous venons d'énoncer, sont les seuls qui puissent être réguliers.

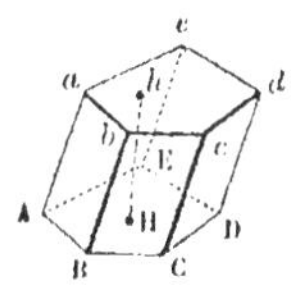

170. Prisme. Le *prisme* est un polyèdre qui a pour faces extrêmes ABCDE, *abcde*, deux polygones égaux et parallèles, et dont les autres faces sont déterminées par les droites qui joignent les sommets correspondants de ces deux polygones.

Ces autres faces sont évidemment *des parallélogrammes ;* par exemple, AB étant égal et parallèle à *ab*, la face AB*ba* est un parallélogramme. Donc, le côté A*a* est égal et parallèle à B*b*, qui est lui-même égal et parallèle à C*c*, et ainsi de suite.

Tous ces côtés, égaux et parallèles, portent le nom d'*arêtes latérales*, ou simplement de *côtés* du prisme, et les parallélogrammes de *faces latérales*. Les deux polygones extrêmes sont les *bases* du prisme, et la distance H*h*, de leurs plans, en est la *hauteur*.

Le prisme est *droit*, quand les arêtes latérales sont perpendiculaires aux plans des bases ; chacune de ces arêtes est alors égale à la hauteur du prisme, et les faces latérales sont des rectangles. Dans les autres cas, on dit que le prisme est *oblique*.

Un prisme est *triangulaire*, *quadrangulaire*, *pentagonal*, etc., selon que ses deux bases sont des triangles, des quadrilatères, des pentagones, etc.

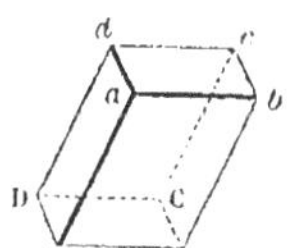

171. Parallélipipède. Parmi les prismes quadrangulaires, on distingue le *parallélipipède*, dont les deux bases ABCD, *abcd*, sont des parallélogrammes.

Les faces latérales opposées sont égales et parallèles; par exemple, la face AB*ba* est égale et parallèle à la face DC*cd*; en effet, *ab* est égal et parallèle à *dc*, et il en est de même de *a*A et de *d*D : donc, les angles *ba*A, *cd*D, sont égaux, et leurs plans parallèles; de plus, si l'on porte l'un des parallélogrammes sur l'autre, en faisant coïncider les deux angles égaux, on verra qu'ils se confondent dans toutes leurs parties.

Ainsi, le parallélipipède est terminé par six parallélogrammes égaux et parallèles deux à deux ; de sorte qu'on peut prendre, à volonté, deux faces opposées quelconques pour les bases de ce genre de prisme.

On dit que le parallélipède est *droit*, quand les arètes latérales sont perpendiculaires aux deux bases, ou que les faces latérales sont des rectangles.

Si, de plus, les bases sont elles-mêmes rectangulaires, le parallélipipède est dit *rectangle*; toutes ses arètes sont alors perpendiculaires entre elles.

Si les six faces rectangulaires sont des carrés, le parallélipipède rectangle prend le nom de *cube*; toutes ses arètes sont alors égales entre elles.

THÉORÊME.

172. Les quatre diagonales d'un parallélipipède se coupent en un même point, qui est le milieu de chacune d'elles.

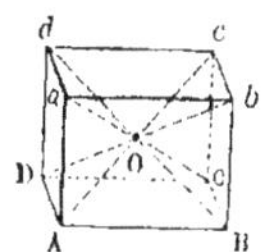

Soit Ac une diagonale; comparons-lui une autre diagonale *quelconque* Db. Ces deux droites sont contenues dans le plan des arètes égales et parallèles AD, bc, qui joignent leurs extrémités; elles se coupent donc en un point O, et forment deux triangles AOD, bOc, qui ont un côté égal $AD = bc$, adjacent à deux angles égaux chacun à chacun, comme alternes-internes, savoir :

$$ODA = Obc, \; OAD = Ocb\,; \text{ donc, } OA = Oc, \; OD = Ob.$$

Ainsi, la diagonale Db passe par le milieu O de Ac, et y est coupée elle-même en deux parties égales. Le raisonnement ne changeant pas pour toute autre diagonale Bd, Ca, il en résulte que les quatre diagonales se coupent, au point O, en deux parties égales.

THÉORÊME.

173. Un parallélipipède quelconque est équivalent à un parallélipipède droit, ayant son arète latérale égale à une des arètes de l'autre, et ayant pour bases des sections droites faites perpendiculairement à l'arète.

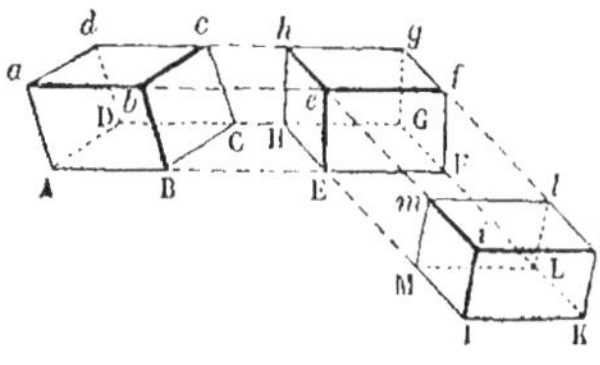

Soit ABCD$abcd$ le prisme donné; prenons, sur l'arète AB prolongée, une longueur $EF = AB$; et, par les points E, F, menons deux plans *perpendiculaires* à cette ligne. Ils coupent les plans des faces Ab, ac, Dc, AC, suivant les quadrilatères E*eh*H, F*fg*G, qui portent le nom de *sections droites*; ces sections sont des parallélogrammes, car leurs côtés opposés sont parallèles deux à deux, comme intersections de plans parallèles par les plans menés en E et en F. De plus, ces parallélogrammes sont égaux : car E*e* est parallèle à F*f*, comme intersections des deux plans perpendiculaires avec le plan E*f*; de même EH est parallèle à FG, et ces lignes sont égales deux à deux, comme parallèles comprises entre parallèles ; par suite, les deux sections droites pourront être superposées.

Ces sections, perpendiculaires à AB, le sont également aux lignes parallèles à cette droite ; donc, les parties interceptées EF, *ef*, *hg*, HG, par les deux plans, sont égales entre elles et perpendiculaires aux côtés des sections droites comprises dans ces plans. Ainsi, les faces latérales E*f*, *eg*, H*g*, EG, sont des rectangles, et ces rectangles sont égaux deux à deux, parce que leurs côtés perpendiculaires sont égaux chacun à chacun.

On a donc construit, en résumé, un parallélipipède droit, ayant pour bases les sections droites H*e*, G*f*, et pour arête latérale perpendiculaire à ces sections, une ligne EF égale à l'arête AB du parallélipipède donné.

Pour démontrer que ces deux parallélipipèdes sont équivalents, on remarque que si de la figure totale AD*da*FG*gf*, on retranche le volume E*eh*HA*ad*D, il reste le parallélipipède droit, tandis que si, de la même figure, on retranche le volume F*fg*GB*bc*C, il reste l'autre parallélipipède : les deux parallélipipèdes seront donc équivalents, si les deux volumes retranchés le sont aussi. Or, il est facile de les superposer, en faisant glisser le second volume sur l'autre et en faisant coïncider les deux sections droites. Alors la ligne FB, prend la direction de EA, et puisque FE = BA, d'où EF + BE = EB + BA, c'est-à-dire FB = EA, le point B tombera au point A. De même *fb* s'applique sur son égal *ea*, et le point *b* tombe au point *a*, et ainsi de suite. Tous les sommets des deux volumes seront donc superposés ; leurs arêtes et, par conséquent, leurs faces coïncideront : d'où résulte l'égalité des deux volumes et l'équivalence des deux parallélipipèdes.

THÉORÈME.

174. Un parallélipipède oblique est équivalent à un parallélipipède rectangle, ayant une base équivalente à la sienne et même hauteur que lui, c'est-à-dire ayant les trois mêmes dimensions.

Soit *Ac* le parallélipipède oblique ; nous venons de faire voir qu'il est équivalent au parallélipipède droit E*g*, ayant pour base la section droite G*f*, et pour hauteur EF ; ce dernier parallélipipède peut lui-même être considéré comme un parallélipipède oblique, ayant pour base le rectangle EFGH, équivalent au parallélogramme ABCD, et pour arêtes latérales, les droites E*e*, F*f*, G*g*, H*h*, qui sont, en général, inclinées sur la base.

Prenons maintenant, sur HE prolongé, une longueur MI = HE, et menons, en M et I, deux plans perpendiculaires à cette arête ; nous aurons deux sections droites qui détermineront un parallélipipède I*l* équivalent à E*g*, ayant pour bases les deux parallélogrammes I*k*, M*l*, et pour faces latérales, les rectangles I*m*, *il*, K*l*, IL ; tout cela se démontrerait comme au numéro précédent. Mais, de plus, ici les sections droites sont des rectangles ; en effet, le plan M*l*, par exemple, est perpendiculaire à MI et, par conséquent, au plan MK ; le plan M*i* est perpendiculaire à EF et, par conséquent, à MK ; donc, M*m* intersection des plans M*l*, M*i*, est aussi perpendiculaire à MK et, par suite, à la droite ML. Cette droite ML est d'ailleurs égale à EF, comme côtés opposés d'un rectangle.

Le parallélipipède I*l* est donc rectangle. Si l'on prend la face MK comme base inférieure, ses deux dimensions seront ML = EF = AB, et IM = HE = distance de DC à AB ; ainsi, sa base a les mêmes dimensions que la base du parallélipipède donné ; de plus, la hauteur M*m* mesure la distance des deux plans parallèles où sont contenues les deux bases parallèles de chaque parallélipipède ; c'est ce qu'on entend par la troisième dimension.

Ainsi, le parallélipipède oblique est équivalent à un parallélipipède rectangle, ayant les mêmes dimensions que lui.

MESURE DES PARALLÉLIPIPÈDES.

THÉORÊME.

175. Deux parallélipipèdes rectangles A*c*, A'*c*', **qui ont deux dimensions égales** AB = A'B', AD = A'D', **sont dans le même rapport que leurs troisièmes dimensions** A*a*, A'*a*'.

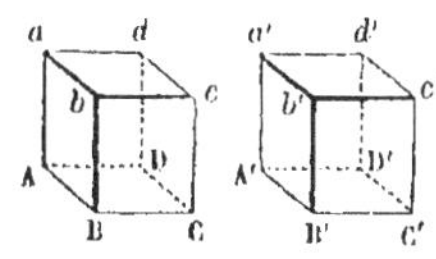

D'abord, si les troisièmes dimensions sont aussi égales, les deux parallélipipèdes rectangles peuvent se superposer et sont égaux.

Appliquons, en effet, le rectangle A'C' sur son égal AC ; les arêtes de A'c' prendront la direction des arêtes de Ac, et, puisqu'on les suppose égales, elles se confondront dans toute leur étendue : donc a' tombe en a ; b', en b ; c', en c ; d', en d ; et les deux parallélipipèdes coïncident l'un avec l'autre.

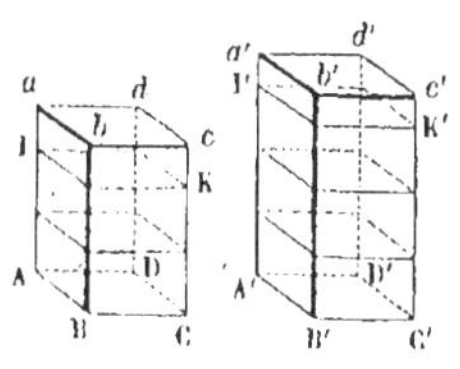

Supposons, en second lieu, que les troisièmes dimensions Aa, A'a', sont inégales. Prenons, pour les comparer, une certaine unité linéaire, et portons cette commune mesure le plus grand nombre de fois possible, 2 fois, par exemple, de A vers a jusqu'en I, et 3 fois de A' vers a' jusqu'en I' : *les parties restantes* Ia, I'a', *sont moindres que cette commune mesure.*

Les longueurs AI, A'I', donnent la relation

$$\frac{\text{AI}}{\text{A'I'}} = \frac{2}{3}.$$

Par chaque point de division, menons des plans perpendiculaires à Aa, A'a' ; nous formerons des parallélipipèdes rectangles partiels égaux ; les parallélipipèdes rectangles AK, A'K', contiendront l'un 2 et l'autre 3 de ces parallélipipèdes partiels, et l'on aura

$$\frac{\text{AK}}{\text{A'K'}} = \frac{2}{3}; \quad \text{donc } \frac{\text{AK}}{\text{A'K'}} = \frac{\text{AI}}{\text{A'I'}}.$$

Cette démonstration existe quelque petite que soit la commune mesure ; elle est donc vraie quand cette commune mesure est moindre que toute quantité imaginable ; alors, les distances Ia, I'a', sont nulles, et la relation précédente devient

$$\frac{\text{A}c}{\text{A'}c'} = \frac{\text{A}a}{\text{A'}a'}.$$

THÉORÈME.

176. Deux parallélipipèdes rectangles R, R', qui ont une dimension

commune, sont dans le même rapport que les produits de leurs deux autres dimensions.

Soient a, b, c, les trois dimensions du parallélipipède R,
et a, b', c', celles du second R'.

Considérons un troisième parallélipipède R'', ayant deux dimensions communes avec chacun des deux autres, a, b, c', par exemple. Comparons R et R''; puisqu'ils ont deux dimensions communes a, b, il viendra (**175**)

$$\frac{R}{R''} = \frac{c}{c'}.$$

Comparant de même R'' et R', qui ont deux dimensions communes a, c', on obtient

$$\frac{R''}{R'} = \frac{b}{b'}.$$

Si l'on multiplie ces deux proportions membre à membre, et si l'on supprime le facteur commun R'' au numérateur et au dénominateur du premier membre, on a

$$\frac{R}{R'} = \frac{b \times c}{b' \times c'}.$$

THÉORÈME.

177. Deux parallélipipèdes rectangles quelconques R et R' sont dans le même rapport que les produits de leurs trois dimensions.

Soient a, b, c, les trois dimensions de R,
et a', b', c', celles de R'.

Soit un troisième parallélipipède R'' ayant deux dimensions de l'un, et la troisième dimension de l'autre, a, b, c'.

La comparaison de R à R'' donne (**175**)

$$\frac{R}{R''} = \frac{c}{c'}.$$

La comparaison de R'' à R' donne (**176**)

$$\frac{R''}{R'} = \frac{a \times b}{a' \times b'}.$$

D'où l'on tire, par un produit, en supprimant le facteur commun R'',

$$\frac{R}{R'} = \frac{a \times b \times c}{a' \times b' \times c'}.$$

THÉORÈME.

178. Un parallélipipède rectangle a pour mesure le produit de ses trois dimensions ou de sa base par sa hauteur.

La relation précédente peut se mettre sous la forme

$$\frac{R}{R'} = \frac{a}{a'} \times \frac{b}{b'} \times \frac{c}{c'}.$$

Elle exprime que pour avoir le rapport d'un parallélipipède rectangle R à un autre parallélipipède rectangle R', il suffit de chercher le rapport de chacune des dimensions de R à la dimension correspondante de R' et de multiplier entre eux ces trois nombres abstraits.

Dans la pratique, on prend pour unité de volume R', un cube dont le côté $a' = b' = c'$, représente l'unité linéaire ; on a donc alors

$$\frac{R}{\text{unité de vol.}} = \frac{a}{\text{uni. lin.}} \times \frac{b}{\text{uni. lin.}} \times \frac{c}{\text{uni. lin.}}.$$

On écrit simplement $R = a \times b \times c$,
et l'on dit qu'un parallélipipède rectangle a pour mesure le produit de ses trois dimensions.

La relation primitive pouvait encore se mettre sous la forme

$$\frac{R}{R'} = \frac{a \times b}{a' \times b'} \times \frac{c}{c'}.$$

Les produits $a \times b$ et $a' \times b'$, représentent deux faces rectangulaires correspondantes de R et R', ayant pour dimensions a, b, et a', b'.

Quand R' est un cube, dont le côté est l'unité linéaire, la face $a' \times b'$ n'est autre que le carré pris pour unité de surface ; il vient donc alors

$$\frac{R}{\text{uni. de vol.}} = \frac{a \times b}{\text{uni. de surf.}} \times \frac{c}{\text{uni. lin.}}.$$

Mais $a \times b$ étant une des faces du parallélipipède R, on peut prendre ce rectangle pour sa base B, et la dimension c pour sa hauteur H ; on a donc

$$\frac{\text{R}}{\text{uni. de vol.}} = \frac{\text{Base}}{\text{uni. de surf.}} \times \frac{\text{Haut.}}{\text{uni. lin.}}$$

ou

$$\text{R} = \text{B} \times \text{H}.$$

179. Applications. **1° On suppose la dimension OX = 3, la dimension OY = 2, la dimension OZ = 4.**

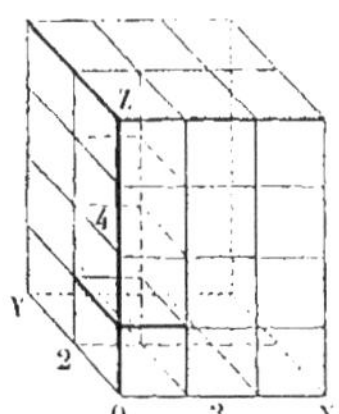

Le volume du parallélipipède sera égal à $3 \times 2 \times 4$, c'est-à-dire à 24 cubes ayant pour côté l'unité linéaire.

Si l'on conçoit, en effet, par les points de division des arêtes OX, OY, OZ, des plans perpendiculaires à chaque arête respective, on décompose la base XY en $3 \times 2 = 6$ carrés égaux à l'unité de surface, qui supportent, chacun, une pile de 4 cubes égaux à l'unité de volume ; le parallélipipède renferme donc en tout $6 \times 4 = 24$ de ces cubes.

2° Les trois dimensions d'un parallélipipède sont $0.^{\text{m}}5, 0.^{\text{m}}09, 0.^{\text{m}}3$.

$$\text{volume} = 0.5 \times 0.09 \times 0.3 = 0^{\text{mét. cub.}}.0135.$$

$$= 0^{\text{mét. cub.}}.13^{\text{déc. cub.}}.500^{\text{cent. cub.}}.$$

THÉORÈME.

180. Le volume d'un parallélipipède quelconque est égal au produit de ses trois dimensions, ou de sa base par sa hauteur.

Nous savons, en effet, qu'un parallélipipède quelconque est équivalent à un parallélipipède rectangle, ayant les mêmes dimensions que lui, c'est-à-dire, ayant une base équivalente à la sienne, et la même hauteur (**174**) ; l'expression de son volume est donc la même.

Corollaire. Deux parallélipipèdes *quelconques*, ayant pour mesures les produits respectifs de leurs trois dimensions, leur rapport sera le même que celui de ces produits ; par conséquent, s'ils ont une dimension commune, ils seront entre eux comme les produits des deux autres dimensions ; et, s'ils ont deux dimensions communes, ils seront entre eux comme les troisièmes dimensions.

MESURE DES PRISMES.

THÉORÈME.

181. Un prisme triangulaire est la moitié d'un parallélipipède de base double et de même hauteur.

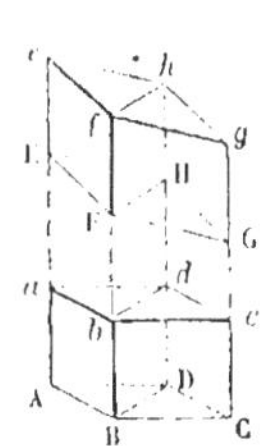

1° Supposons d'abord le prisme droit. Soient ABD, *abd*, les deux bases parallèles et A*a*, B*b*, D*d*, les arêtes latérales perpendiculaires à ces bases. Si nous construisons sur les plans des bases les parallélogrammes ABCD, *abcd*, doubles de ces triangles, et si nous joignons C*c*, nous déterminons un parallélipipède A*c* de base double et de même hauteur que le prisme.

Ce parallélipipède se compose du prisme donné et d'un second prisme triangulaire BDC*bdc* qui est égal à l'autre. Portons-le, en effet, sur le premier prisme après lui avoir fait faire une demi-révolution autour de l'arête C*c*; nous pouvons appliquer le triangle BCD sur son égal DAB, le point C en A, le côté CB sur son égal AD, et le côté CD sur son égal AB; l'arête C*c* perpendiculaire au plan de la base, se confond avec son égale A*a*; de même les arêtes B*b*, D*d*, du second prisme, s'appliquent respectivement sur les arêtes D*d*, B*b*, du prisme donné. Il y a donc coïncidence des deux prismes, et, par conséquent, le prisme donné est la moitié du parallélipipède.

2° Considérons, en second lieu, un prisme triangulaire oblique EFH*efh*. Achevons le parallélipipède E*g* de base double et de même hauteur, et démontrons que les deux prismes triangulaires qui le composent, sont équivalents.

Pour cela, prenons sur l'une des arêtes prolongée, *e*E par exemple, une longueur *a*A = *e*E, et par les points *a*, A, concevons deux plans perpendiculaires à cette arête. Les intersections de ces plans avec les faces latérales des deux prismes supérieurs, déterminent deux prismes triangulaires droits correspondants, dont la réunion forme un parallélipipède droit, que nous savons être équivalent au parallélipipède oblique (**173**). Or, le genre de démonstration qui nous a servi à prouver l'équivalence des deux parallélipipèdes, peut aussi être appliqué aux prismes qui les composent.

Par exemple, suivant qu'on retranche du volume ABD*efh*, l'un ou l'autre des volumes ABDEFH, *abdefh*, il reste le prisme proposé, ou le prisme droit correspondant; mais les deux volumes ABDEFH, *abdefh*, se superposent dès qu'on fait glisser le triangle ABD sur *abd* : les deux prismes sont donc équivalents.

D'après cela, chaque prisme oblique est équivalent au prisme droit qui lui correspond; mais les deux prismes droits sont égaux entre eux, d'après ce qu'on vient de voir : il y a donc équivalence entre les deux prismes obliques.

Ainsi, un prisme triangulaire oblique est toujours la moitié d'un parallélipipède de base double et de même hauteur.

THÉORÈME.

182. ***Un prisme quelconque a pour mesure le produit de sa base par sa hauteur.***

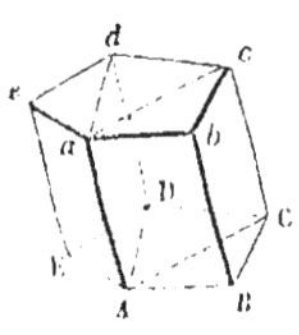

1° Si le prisme est triangulaire, il est équivalent à la moitié d'un parallélipipède de base double et de même hauteur; sa mesure est donc la moitié de celle de ce parallélipipède, ou égale au produit de la base du prisme, moitié de celle du parallélipipède, multipliée par la hauteur commune.

2° Si le prisme est polygonal, on le décompose en prismes triangulaires de même hauteur, au moyen de plans menés par l'une des arêtes A*a* et les arêtes parallèles non adjacentes C*c*, D*d*.

Si H est la hauteur commune, il vient

$$\text{prisme ABC}abc = \text{ABC} \times \text{H},$$
$$\text{prisme ACD}acd = \text{ACD} \times \text{H},$$
$$\text{prisme ADE}ade = \text{ADE} \times \text{H}.$$

En faisant la somme de ces prismes partiels, on obtient

$$\text{prisme polygonal} = (\text{ABC} + \text{ACD} + \text{ADE}) \times \text{H}$$
$$= \text{ABCDE} \times \text{H}.$$

COROLLAIRE. Deux prismes quelconques sont entre eux comme leurs mesures respectives, c'est-à-dire comme les produits de chaque base par chaque hauteur. Par conséquent, si les hauteurs sont égales, ils sont entre eux comme leurs bases, et si les bases sont équivalentes, ils sont entre eux comme leurs hauteurs.

DE LA PYRAMIDE.

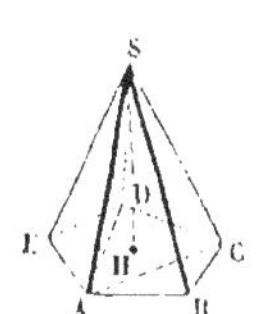

183. Pyramide. La *pyramide* est un polyèdre terminé par un polygone plan ABCDE, et dont les autres faces sont des triangles formés par les droites menées d'un point commun S à tous les sommets du polygone.

La *base* de la pyramide est le polygone ABCDE, son *sommet* est le point commun S aux faces latérales, sa *hauteur* est la perpendiculaire SH abaissée du sommet sur le plan de la base.

Une pyramide est *triangulaire, quadrangulaire, pentagonale*... selon que sa base est un triangle, un quadrilatère, un pentagone...

La pyramide triangulaire se nomme aussi tétraèdre (**169**).

La pyramide est *régulière* si elle a pour base un polygone régulier et si, de plus, la perpendiculaire, abaissée du sommet sur la base, passe au centre de cette base.

THÉORÈME.

184. Si l'on coupe une pyramide SABCDE par un plan *abcde* parallèle à sa base :

1° La section est semblable à la base.

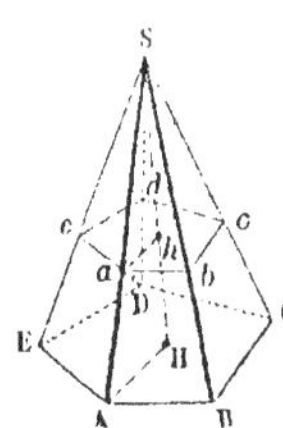

Les côtés du polygone *abcde* sont parallèles aux côtés de la base ; par exemple, *ab* est parallèle à AB, car ces côtés sont les intersections des deux plans parallèles ABC, *abc*, par le plan SAB : donc, les angles des deux polygones sont égaux (**158**).

Les triangles semblables SAB, S*ab*, donnent,

$$\frac{AB}{ab}=\frac{SB}{Sb}$$

Les triangles suivants SBC, S*bc*, donnent

$$\frac{SB}{Sb}=\frac{BC}{bc}=\frac{SC}{Sc}.$$

Les triangles SCD, S*cd*, donnent également

$$\frac{SC}{Sc}=\frac{CD}{cd}=\frac{SD}{Sd}, \text{ et ainsi de suite.}$$

Tous ces rapports sont donc égaux, et l'on a par suite,

$$\frac{AB}{ab}=\frac{BC}{bc}=\frac{CD}{cd}=\frac{DE}{de}=\frac{EA}{ea}.$$

Ainsi, les deux polygones ont leurs angles égaux et leurs côtés homologues proportionnels ; ils sont donc semblables.

2° **Les surfaces de la base et de la section sont entre elles comme les carrés de leurs distances au sommet.**

Abaissons la perpendiculaire SH sur la base, et concevons un plan par cette perpendiculaire et l'une des arêtes SA ; le plan coupe la base et la section suivant les droites parallèles AH, *ah*.

La base et la section étant des polygones semblables, leurs surfaces sont entre elles comme les carrés de deux côtés homologues ; on a donc

$$\frac{ABCDE}{abcde}=\frac{\overline{AB}^2}{\overline{ab}^2}.$$

Mais la similitude des triangles SAB, S*ab*, et celle des triangles SAH, S*ah*, donnent

$$\frac{\overline{AB}^2}{\overline{ab}^2}=\frac{\overline{SA}^2}{\overline{Sa}^2}=\frac{\overline{SH}^2}{\overline{Sh}^2}.$$

Il vient donc

$$\frac{ABCDE}{abcde}=\frac{\overline{SH}^2}{\overline{Sh}^2}.$$

COROLLAIRE. Il résulte de là que si deux pyramides quelconques dont les bases sont B, B′, ont même hauteur H, et que si l'on coupe ces pyramides par des sections planes b, b', à la même distance h de leurs sommets, les bases et les sections seront proportionnelles entre elles

On a, en effet,

$$\left.\begin{array}{l}\text{dans la première pyramide, } \dfrac{B}{b}=\dfrac{H^2}{h^2}\\ \text{dans la seconde pyramide, } \dfrac{B'}{b'}=\dfrac{H^2}{h^2}\end{array}\right\} \text{ de là } \frac{B}{b}=\frac{B'}{b'}.$$

Par conséquent, *si les bases sont équivalentes, les sections le sont aussi.*

THÉORÈME.

185. Deux pyramides triangulaires S, S', de bases équivalentes, ABC = A'B'C', et de même hauteur AH, sont équivalentes.

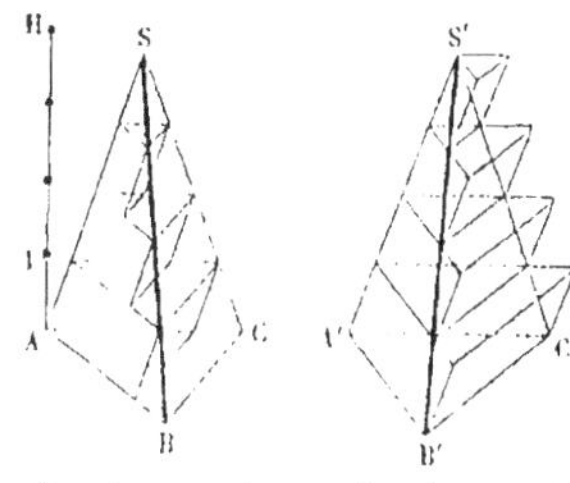

Supposons les deux bases sur un même plan ; partageons la hauteur en un nombre arbitraire de parties égales, telles que AI, et, par chaque point de division, menons des plans parallèles à celui des bases : les sections faites dans les pyramides seront respectivement équivalentes, puisque les bases le sont elles-mêmes.

Sur les sections de l'une des pyramides S, puis sur la base et les sections de l'autre S', construisons des prismes intérieurs dans la première et extérieurs dans la seconde, ayant tous pour hauteur une division de AH, et pour arête latérale une division de SA et de S'A'. La somme P des prismes intérieurs à S, est moindre que cette pyramide, tandis que la somme P' des prismes extérieurs à S', est plus grande que cette autre pyramide : on a donc

$$S' - S < P' - P.$$

Or, si l'on compare les prismes deux à deux, on reconnaît que le prisme intérieur et le prisme extérieur les plus élevés, sont équivalents comme ayant bases équivalentes et même hauteur, et qu'il en est de même des autres prismes en descendant, jusqu'au dernier prisme extérieur construit sur la base A'B'C', qui n'a pas son homologue parmi les prismes intérieurs. Ainsi, ce dernier prisme, dont le volume est égal à A'B'C' × AI, représente la différence P' — P, et l'on a

$$S' - S < A'B'C' \times AI.$$

Si l'on donne à AI des valeurs de plus en plus petites, la démonstration ne change pas ; or, le produit A'B'C' × AI diminue en même temps et finit par être moindre que toute quantité imaginable : donc, la différence S' — S est nulle, et les deux pyramides sont équivalentes.

THÉORÈME

186. Une pyramide triangulaire SABC est le tiers d'un prisme de même base et de même hauteur.

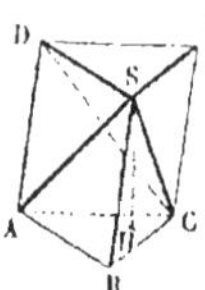

Construisons un prisme ayant pour base ABC et pour hauteur SH, en faisant en sorte qu'il ait une même arête latérale SB que la pyramide. Il suffit, pour cela, de mener les lignes AD, CE, parallèles et égales à BS, et de joindre SD, SE, DE. Les figures SBAD, SBCE, DACE, sont des parallélogrammes, d'où il suit que DS, SE, DE, sont respectivement égaux et parallèles à AB, BC, AC ; les deux triangles DSE, ABC, sont donc égaux et parallèles, et la figure construite est un prisme.

Cela posé, si l'on détache la pyramide SABC du prisme, il reste une pyramide quadrangulaire SACED, ayant S pour sommet et le parallélogramme ACED pour base.

Par SD et SC, concevons un plan ; nous décomposons cette pyramide en deux autres triangulaires SDCE, SDCA, qui ont le même sommet S, et pour bases les triangles DCE, DCA, situés sur un même plan ; ces deux triangles sont d'ailleurs équivalents comme moitiés d'un même parallélogramme. Les deux pyramides triangulaires ont donc des bases équivalentes et la même hauteur, qui est la perpendiculaire menée du sommet commun S sur le plan ACED ; elles sont donc équivalentes.

Mais la pyramide SDCE peut être regardée comme ayant pour sommet le point C, et pour base le triangle SDE, parallèle et égal à ABC ; elle a donc la même hauteur que le prisme, ou que la pyramide proposée, et même base qu'elle ; elle lui est donc équivalente.

Par conséquent, le prisme est composé de trois pyramides équivalentes à la pyramide triangulaire proposée ; donc, celle-ci est bien le tiers d'un prisme de même base et de même hauteur.

THÉORÈME.

187. Une pyramide a pour mesure le tiers du produit de sa base par sa hauteur.

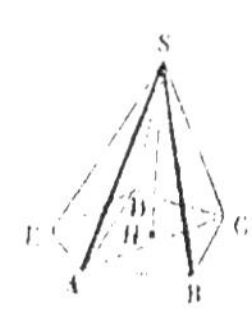

1° Si la pyramide est triangulaire, sa mesure est le tiers de celle d'un prisme de même base et de même hauteur (**186**); c'est-à-dire égale au tiers du produit de sa base par sa hauteur.

2° Si la pyramide est polygonale, on la décompose en pyramides triangulaires SABC, SACD, SADE, et l'on a, en nommant H la hauteur commune SH,

$$\text{pyramide SABC} = \tfrac{1}{3}\,\text{ABC} \times \text{H},$$
$$\text{pyramide SACD} = \tfrac{1}{3}\,\text{ACD} \times \text{H},$$
$$\text{pyramide SADE} = \tfrac{1}{3}\,\text{ADE} \times \text{H}.$$

Faisant la somme de ces trois équations membre à membre, on obtient

$$\text{pyramide SABCDE} = \tfrac{1}{3}(\text{ABC} + \text{ACD} + \text{ADE}) \times \text{H}$$
$$= \tfrac{1}{3}\,\text{ABCDE} \times \text{H}.$$

Corollaire. Pour obtenir la mesure d'un polyèdre, on le décompose en pyramides; puis, évaluant le volume de chacune d'elles, on fait la somme de tous les résultats.

DES POLYÈDRES TRONQUÉS.

188. Tronc de Pyramide. Quand on coupe une pyramide par un plan quelconque qui rencontre toutes ses faces latérales, la portion de la pyramide comprise entre ce plan et la base porte le nom de *pyramide tronquée* ou de *tronc de pyramide*. La section forme un polygone, deuxième base du tronc, qui est semblable à la première base lorsque le plan sécant lui est parallèle (**184**).

Tronc de prisme. Si l'on fait passer entre les bases d'un prisme un plan incliné sur ces bases, on le décompose en deux volumes formant chacun un *tronc de prisme* ou un *prisme tronqué*.

Si la section était parallèle aux bases, on aurait évidemment deux nouveaux prismes partiels, de bases égales à celles du prisme total.

THÉORÈME.

189. Un tronc de pyramide triangulaire ABCabc, à bases parallèles, est équivalent à trois pyramides ayant pour hauteur commune la hauteur du tronc, et pour bases respectives, la grande base du tronc, la petite base et une moyenne proportionnelle entre ces deux bases.

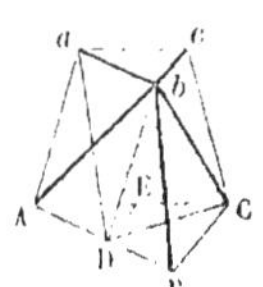

Menons un plan suivant AC et *b*; nous détachons ainsi du tronc une pyramide triangulaire *b*ABC, qui a pour base la grande base ABC du tronc, et dont la hauteur est la même ; c'est donc une des pyramides énoncées.

Il reste une pyramide quadrangulaire *b*AC*ca*, dont le sommet est le point *b*, et dont la base est le trapèze AC*ca*. Menons un plan suivant *ba* et *b*C ; nous décomposons cette pyramide en deux autres triangulaires *ba*C*c*, *ba*CA. La première peut être considérée comme ayant son sommet en C ; alors, sa base est la petite base *abc* du tronc, et sa hauteur est la même que celle du tronc; elle est donc encore une des pyramides énoncées.

La partie restante du tronc est la troisième pyramide *ba*CA. Traçons par son sommet *b*, la ligne *b*D parallèle à *a*A, et, par suite, à sa base *a*AC ; puis, joignons D*a* et DC. La pyramide D*a*CA, ainsi formée, a la même base *a*AC que la troisième pyramide, et son sommet D est à la même distance de cette base que le sommet *b* ; elle est donc équivalente à cette troisième pyramide. Or, elle peut être considérée comme ayant pour sommet le point *a*, et pour base le triangle ADC ; sa hauteur est alors celle du tronc, et il s'agit de faire voir que sa base ADC est une moyenne proportionnelle entre les deux bases du tronc.

Traçons, par le point D, la ligne DE parallèle à BC et, par conséquent, à *bc*. Les deux triangles ADE, *abc*, sont égaux, car AD$=$*ab*, comme côtés opposés d'un même parallélogramme, les angles DAE, *bac*, sont égaux comme ayant leurs côtés parallèles et dirigés dans le même sens, et il en est de même des angles ADE, *abc*. Ainsi, le triangle ADE peut être substitué à la petite base.

Cela posé, les deux triangles ACB, ACD, ont un sommet commun C, équidistant des bases AB, AD ; ils ont donc même hauteur, et il vient

$$\frac{ACB}{ADC}=\frac{AB}{AD}.$$

Pareillement, les deux triangles ADC, ADE, qui ont un sommet commun D équidistant des bases AC, AE, donnent

$$\frac{ADC}{ADE}=\frac{AC}{AE}.$$

Mais DE étant parallèle à BC, on a

$$\frac{AB}{AD}=\frac{AC}{AE};$$

par conséquent $\frac{ACB}{ADC}=\frac{ADC}{ADE}$, d'où $ADC=\sqrt{ACB\times ADE}$.

La nouvelle pyramide a donc pour base une moyenne proportionnelle entre les deux bases du tronc ; elle est donc la troisième pyramide énoncée.

THÉORÈME.

190. **Un tronc de pyramide à bases parallèles B, b, a pour mesure le produit du tiers de la hauteur H du tronc, par la somme qu'on obtient en ajoutant ensemble la grande base B, la petite base b et une moyenne proportionnelle entre ces deux bases $\sqrt{Bb}$.**

1° Tronc de pyramide triangulaire. Si le tronc provient d'une pyramide triangulaire, on vient de voir qu'il est équivalent à trois pyramides qui ont pour mesure

la première, $\frac{1}{3}H\times B$,
la deuxième, $\frac{1}{3}H\times b$,
la troisième, $\frac{1}{3}H\times\sqrt{Bb}$.

Donc le tronc $=\frac{1}{3}H(B+b+\sqrt{Bb})$.

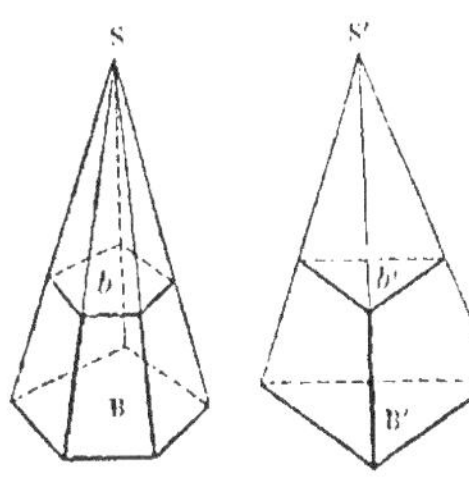

2° Tronc de pyramide polygonale. Si le tronc est polygonal, on achèvera la pyramide S à laquelle il appartient et l'on concevra une pyramide triangulaire S′ de *même* hauteur, ayant pour base un triangle B′ équivalent à la base polygonale B ; les deux pyramides S, S′ seront équivalentes comme ayant même mesure. Coupons la pyramide S′ par un plan parallèle à sa base B′, également distant de cette base que b l'est de B ; la section triangulaire b' ainsi obtenue est équivalente à b (**184**) ; par suite les deux pyramides partielles situées en dehors des troncs, ont aussi des bases équivalentes et une même hauteur ou sont équivalentes.

Donc les deux troncs, différences respectives de pyramides équivalentes, ont même volume. Or le tronc de pyramide triangulaire a pour mesure $\frac{1}{3}\mathrm{H}(\mathrm{B}'+b'+\sqrt{\mathrm{B}'b'})$; ce sera donc aussi la mesure du tronc de pyramide polygonale, c'est-à-dire

$$\tfrac{1}{3}\mathrm{H}(\mathrm{B}+b+\sqrt{\mathrm{B}b})$$

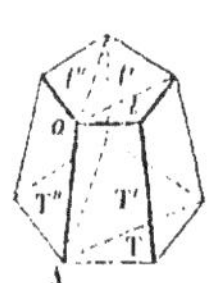

Autre démonstration. On fait passer des plans par une arête Aa et les arêtes non adjacentes, afin de le décomposer en troncs de pyramides triangulaires. Si l'on désigne par T, T′, T″, les triangles composant la base B, et par t, t', t'', les triangles de la base b, on aura, pour la mesure des différents troncs triangulaires,

$$\begin{aligned} 1^{\text{er}}\ \text{tronc} &= \tfrac{1}{3}\mathrm{H}(\mathrm{T}+t+\sqrt{\mathrm{T}t}) \\ 2^{\text{e}}\ldots\ldots &= \tfrac{1}{3}\mathrm{H}(\mathrm{T}'+t'+\sqrt{\mathrm{T}'t'}) \\ 3^{\text{e}}\ldots\ldots &= \tfrac{1}{3}\mathrm{H}(\mathrm{T}''+t''+\sqrt{\mathrm{T}''t''}) \end{aligned}$$

Faisant la somme et remplaçant $\mathrm{T}+\mathrm{T}'+\mathrm{T}''$ par B, $t+t+t''$ par b, on obtient

$$\text{Tronc polygonal} = \tfrac{1}{3}\mathrm{H}(\mathrm{B}+b+\sqrt{\mathrm{T}t}+\sqrt{\mathrm{T}'t'}+\sqrt{\mathrm{T}''t''})$$

Mais les polygones des deux bases et les triangles qui les composent, sont respectivement semblables et liés entre eux par la suite de rapports égaux (*Corollaire* du N° **184**)

$$\frac{\mathrm{B}}{b}=\frac{\mathrm{T}}{t}=\frac{\mathrm{T}'}{t'}=\frac{\mathrm{T}''}{t''}$$

d'où
$$\frac{\sqrt{\mathrm{B}}}{\sqrt{b}}=\frac{\sqrt{\mathrm{T}}}{\sqrt{t}}=\frac{\sqrt{\mathrm{T}'}}{\sqrt{t'}}=\frac{\sqrt{\mathrm{T}''}}{\sqrt{t''}}.$$

Si l'on multiplie les deux termes de chaque rapport par son dénominateur, il vient

$$\frac{\sqrt{\mathrm{B}b}}{b}=\frac{\sqrt{\mathrm{T}t}}{t}=\frac{\sqrt{\mathrm{T}'t'}}{t'}=\frac{\sqrt{\mathrm{T}''t''}}{t''}$$

ou, d'après une propriété connue des rapports égaux,

$$\frac{\sqrt{Bb}}{b} = \frac{\sqrt{Tt} + \sqrt{T't'} + \sqrt{T''t''}}{t + t' + t''}.$$

Mais $b = t + t' + t''$; par suite $\sqrt{Bb} = \sqrt{Tt} + \sqrt{T't'} + \sqrt{T''t''}$, et cette valeur substituée plus haut donne

$$\text{Tronc polygonal} = \tfrac{1}{3}\text{H}\,(\text{B} + b + \sqrt{\text{B}b})$$

THÉORÈME.

191. **Un tronc de prisme triangulaire ABCA'B'C', est équivalent à trois pyramides de même base ABC que le tronc, et dont les sommets respectifs sont les sommets A', B', C', de la section faite dans le prisme.**

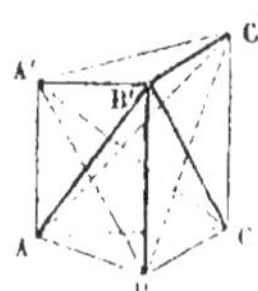

Concevons un plan par les trois points A, B', C ; nous détachons du tronc de prisme la pyramide triangulaire B'ABC, dont la base est le triangle ABC, et le sommet le point B' : c'est une des pyramides énoncées.

Il reste la pyramide quadrangulaire B'ACC'A' ; en faisant passer un plan par les points A', B', C, on la décompose en deux pyramides triangulaires B'A'CA, B'A'CC'.

La pyramide B'A'CA est équivalente à la pyramide BA'CA, ayant la même base qu'elle, A'CA, et dont le sommet B est sur une même parallèle à cette base que le sommet B' ; or, cette pyramide peut être considérée comme ayant ABC pour base et le point A' pour sommet : c'est donc encore une des pyramides énoncées.

Il ne s'agit plus, maintenant, que de prouver l'équivalence de la dernière pyramide B'A'CC', avec une pyramide ayant toujours pour base le triangle ABC, et pour sommet le point C'. Si l'on esquisse cette pyramide, on voit qu'elle a une face AC'C sur sur le même plan que la base A'CC' de l'autre, et que son sommet opposé B est sur une même parallèle à ce plan que le sommet B' de l'autre ; si donc les faces AC'C, A'CC', sont équivalentes, il en sera de même des deux pyramides. Or, les triangles AC'C, A'CC', ont même mesure, car ils ont une base commune CC', et leurs sommets A, A', sur une même parallèle à cette base.

COROLLAIRE. Le volume de chaque pyramide est égal au tiers du produit de sa base par sa hauteur; si donc on représente par B la base ABC du tronc de prisme, et par a, b, c, les perpendiculaires abaissées des points A', B', C', sur cette base, la mesure du tronc sera

$$\tfrac{1}{3}\,B\,(a + b + c).$$

Quand le tronc de prisme est droit, a, b, c, représentent ses arêtes perpendiculaires à la base.

PROBLÈME.

192. Mesurer un corps ABCD*abcd* terminé par deux bases rectangulaires et parallèles entre elles, et dont les quatre faces latérales sont des trapèzes également inclinés, deux à deux, sur les bases.

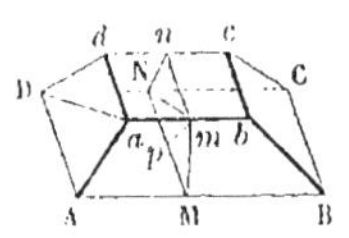

Par le milieu M de l'un des côtés AB des bases et perpendiculairement à cette ligne, menons un plan qui sera également perpendiculaire au milieu des côtés parallèles à AB. Cette section droite détermine le trapèze MN*nm*, qui partage le volume total en deux volumes partiels égaux, qu'on pourrait superposer l'un à l'autre : cherchons la mesure d'un de ces volumes partiels MN*nm*AD*da*.

Si l'on mène un plan par les deux droites parallèles *ma*, ND, on décompose le volume en deux troncs de prismes droits MN*m*AD*a*, N*mn*D*ad*, qui ont respectivement pour mesures

$$\tfrac{1}{3}MNm\ (MA + ND + ma),\qquad \tfrac{1}{3}Nmn\ (ma + nd + ND).$$

Représentons, pour abréger, $AB = DC$ par A, $ab = dc$ par a, $AD = MN = BC$ par B, $ad = mn = bc$ par b et la hauteur mp du corps par H : nous aurons

$$MNm = \tfrac{1}{2}MN \times mp = \tfrac{1}{2}H \times B,\quad Nmn = \tfrac{1}{2}mn \times mp = \tfrac{1}{2}H \times b,$$
$$MA = ND = \tfrac{1}{2}A,\quad ma = nd = \tfrac{1}{2}a.$$

Les mesures précédentes deviennent donc

$$\tfrac{1}{6}HB\,(A + \tfrac{1}{2}a),\qquad \tfrac{1}{6}Hb\,(a + \tfrac{1}{2}A).$$

Ajoutant ces deux valeurs et multipliant par 2 pour avoir le volume total, on obtient

$$\tfrac{1}{3}H\,[B(A + \tfrac{1}{2}a) + b(a + \tfrac{1}{2}A)].$$

Ce solide est un *ponton* renversé.

COROLLAIRE. Si la dimension b est nulle, le solide a pour mesure

$$\tfrac{1}{3}\,\mathrm{BB}\,(\mathrm{A}+\tfrac{1}{2}a).$$

La forme est à peu près celle d'une tente militaire, ou d'un toit d'édifice rectangulaire.

THÉORÈME.

193. Le volume d'un tronc de parallélipipède rectangle ABCD A'B'C'D', est égal au produit de la demi-somme de deux de ses faces parallèles AB', CD', multipliée par leur distance AD.

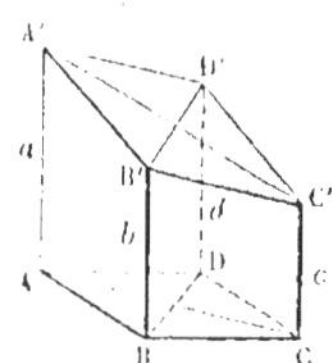

Concevons un plan par deux arêtes opposées AA', CC'; nous décomposons le tronc cherché en deux troncs de prisme triangulaire qui ont pour mesure

$$\text{vol. ABC A'B'C'} = \tfrac{1}{3}\,\text{ABC}\,(a+b+c)$$
$$\text{vol. ACD A'C'D'} = \tfrac{1}{3}\,\text{ACD}\,(a+c+d)$$

Menons un second plan par les deux autres arêtes BB', DD'; le tronc cherché est encore décomposé en deux troncs de prisme triangulaire, dont la mesure est

$$\text{vol. ABD A'B'D'} = \tfrac{1}{3}\,\text{ABD}\,(a+b+d)$$
$$\text{vol. BCD B'C'D'} = \tfrac{1}{3}\,\text{BCD}\,(b+c+d)$$

Or chacun des triangles ABC, ACD, ABD, BCD, est la moitié du rectangle ABCD, c'est-à-dire qu'ils ont pour mesure commune $\tfrac{1}{2}\,\mathrm{AD}\times\mathrm{AB}$. En ajoutant donc toutes les équations ensemble, on peut mettre ce produit en facteur commun au second membre, ce qui donne, après réduction,

$$2\ \text{vol. AC'} = \tfrac{1}{2}\,\text{AD}\times\text{AB}\,(a+b+c+d)$$

d'où prenant la moitié

$$\text{vol. AC'} = \tfrac{1}{2}\,\text{AD}\times\tfrac{1}{2}\,\text{AB}\,(a+b+c+d)$$

ce qui peut s'écrire comme il suit, puisque CD = AB,

$$\text{vol. AC'} = \tfrac{1}{2}\,\text{AD}\left[\tfrac{1}{2}\,\text{AB}\,(a+b)+\tfrac{1}{2}\,\text{CD}\,(c+d)\right]$$

Or $\tfrac{1}{2}\,\mathrm{AB}\,(a+b)$, $\tfrac{1}{2}\,\mathrm{CD}\,(c+d)$ expriment les surfaces des deux trapèzes AB', CD', et AD leur distance; le théorème énoncé est donc démontré.

PROBLÈME.

194. Déterminer le volume d'une tranche de carène de navire.

On nomme *plan diamétral* d'un navire, le plan mené par sa quille, qui le partage en deux volumes symétriques équivalents.

Quand le navire flotte, en équilibre, le niveau de l'eau le divise en deux parties, suivant une section horizontale, nommée *flottaison*, perpendiculaire au plan diamétral. La partie située au-dessous de ce niveau forme la *carène* ou les *œuvres vives*, et la partie hors de l'eau, l'*accastillage* ou les *œuvres mortes*.

Toute section horizontale parallèle à la flottaison, porte le nom de *ligne* ou de *section d'eau ;* et toute section verticale perpendiculaire au plan diamétral s'appelle un *couple*.

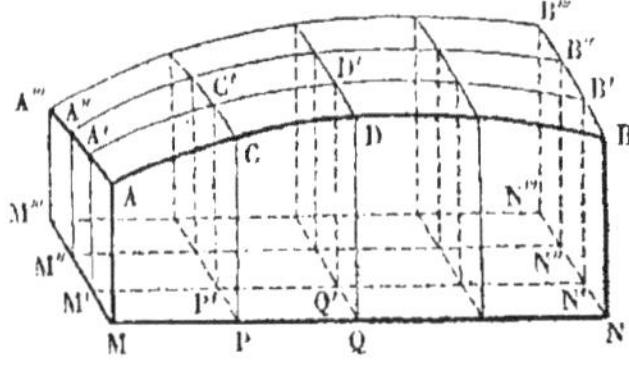

Soit proposé de trouver le volume d'une tranche de carène MB' ayant pour limites, d'une part, le plan diamétral MN' et la muraille AB B'A' du navire, d'autre part, les deux lignes d'eau MB, M'B', et enfin les deux couples MA', NB'. Nous admettons d'abord que les deux lignes d'eau soient assez rapprochées, pour que les arcs verticaux tels que AA', BB', puissent être assimilés à des lignes droites.

Partageons la ligne MN en parties égales et concevons des couples PC', QD',... par les points de division, que nous supposerons suffisamment voisins pour qu'on puisse assimiler à des lignes droites les arcs horizontaux, tels que AC, CD,... A'C', C'D',... compris entre les couples. La tranche MB' est ainsi décomposée en plusieurs troncs de parallélipipède rectangle, dont les volumes successifs sont

$$\tfrac{1}{2}\,MM'\,(MC + M'C'),\ \tfrac{1}{2}\,PP'\,(PD + P'D'),\ldots$$

Faisant la somme et mettant en facteur commun $\frac{1}{2}\,MM' = \frac{1}{2}\,PP' = \ldots$, on obtient

$$\tfrac{1}{2}\,MM'\,(MC + PD + \ldots + M'C' + P'D' + \ldots) = \tfrac{1}{2}\,MM'\,(MB + M'B')$$

On a donc, en désignant par A, A', les deux lignes d'eau et par b leur distance verticale,

$$\text{Vol. MB}' = \tfrac{1}{2} b\,(A + A')$$

Considérons, en second lieu, une tranche de carène MB''' d'une hauteur quelconque MM'''. On divise cette hauteur en parties égales, suffisamment petites, aux points M', M''; puis concevant des lignes d'eau M'B', M''B'' par ces points de division, on décompose le volume total en plusieurs tranches MB', M'B'', M'' B''', qui rentrent dans le cas précédent. Nommant donc A, A', A'', A''' les diverses lignes d'eau et b leur distance constante, on obtiendra pour les volumes des tranches successives

$$\tfrac{1}{2} b\,(A + A'),\ \tfrac{1}{2} b\,(A' + A''),\ \tfrac{1}{2} b\,(A'' + A''')$$

d'où faisant la somme

$$\text{vol. MB}''' = b\left(\frac{A}{2} + A' + A'' + \frac{A'''}{2}\right)$$

Quant aux lignes d'eau, leur surface se détermine par le procédé indiqué au n° 135.

REMARQUE. L'espace que comprennent les parties intérieures d'un navire limitées au bordage, s'évalue comme une tranche de carène.

POLYÈDRES SEMBLABLES.

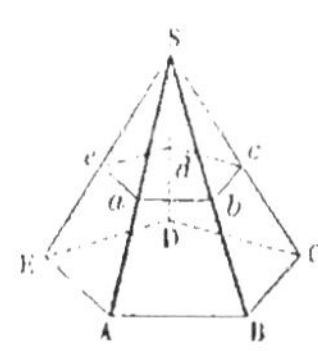

195. Pyramides semblables. Si l'on coupe une pyramide SABCDE, par un plan parallèle à la base, on détermine une seconde pyramide *Sabcde*, dont toutes les faces sont semblables aux faces correspondantes de l'autre (**184**). De plus, ces deux pyramides ont les angles polyèdres homologues égaux chacun à chacun; par exemple, l'angle trièdre A = l'angle trièdre a, car leurs angles plans et leurs angles dièdres sont égaux deux à deux et disposés de la même manière.

On nomme, en général, *pyramides semblables*, deux pyramides qui ont ainsi un même nombre de faces semblables chacune à chacune, et dont les angles polyèdres homologues sont égaux.

196. Polyèdres semblables. On peut concevoir deux polyèdres formés d'une suite de pyramides semblables chacune à chacune, et semblablement disposées. Les deux solides ont alors toutes leurs faces semblables chacune à chacune, comme appartenant à ces pyramides, et tous les angles dièdres homologues égaux, comme appartenant également à deux pyramides homologues, ou bien comme étant une même combinaison d'angles dièdres égaux : de plus, tous ces éléments seront disposés de la même manière.

D'après cela, deux polyèdres peuvent avoir toutes leurs faces homologues semblables et tous leurs angles polyèdres égaux deux à deux : on dit alors qu'ils sont *semblables*.

On démontre que deux polyèdres semblables peuvent, réciproquement, se décomposer en un même nombre de pyramides semblables chacune à chacune, et semblablement disposées.

THÉORÈME.

197. Deux pyramides semblables sont entre elles comme les cubes de deux arêtes homologues.

Soient P, p, deux pyramides semblables, B, b, leurs bases, et H, h, leurs hauteurs ; chaque pyramide ayant pour mesure le tiers du produit de sa base par sa hauteur, il vient

$$\frac{P}{p}=\frac{B\times H}{b\times h};\ \text{mais on a}\ \frac{B}{b}=\frac{H^2}{h^2},\ \text{donc}\ \frac{P}{p}=\frac{H^3}{h^3}.$$

Si A et a sont deux arêtes homologues, le rapport de H à h est le même que celui de A à a ; on a, par suite,

$$\frac{P}{p}=\frac{A^3}{a^3}.$$

THÉORÈME.

198. Deux polyèdres semblables P, p, sont entre eux comme les cubes de deux côtés homologues.

Si P′, P″, P‴... et p', p'', p'''..., sont les pyramides semblables composant les deux polyèdres P, p, les arêtes homologues étant toutes dans le même rapport que deux quelconques d'entre elles, A, a, il viendra

$$\frac{A^3}{a^3}=\frac{P'}{p'}=\frac{P''}{p''}=\frac{P'''}{p'''}=\ldots=\frac{P'+P''+P'''+\ldots}{p'+p''+p'''+\ldots}$$

c'est-à-dire
$$\frac{P}{p}=\frac{A^3}{a^3}$$

THÉORÈME.

199. Les surfaces S, s, de deux polyèdres semblables, sont entre elles comme les carrés de deux arêtes homologues.

Si S', S'', S'''... et s', s'', s''', sont les faces semblables des deux polyèdres, on aura

$$\frac{A^2}{a^2} = \frac{S'}{s'} = \frac{S''}{s''} = \frac{S'''}{s'''} = \ldots = \frac{S' + S'' + S''' + \ldots}{s' + s'' + s''' + \ldots}$$

donc
$$\frac{S}{s} = \frac{A^2}{a^2}.$$

LES TROIS CORPS RONDS.

DU CONE.

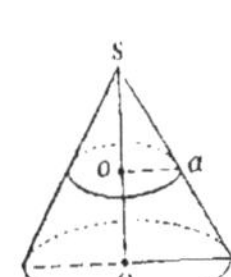

200. Cône droit à base circulaire. Le *cône droit*, à base circulaire, est le corps engendré par un triangle rectangle SOA, qui fait une révolution entière autour d'un des côtés SO de l'angle droit.

On nomme *axe* du cône, le côté immobile SO ; *base*, la surface plane et circulaire que décrit l'autre côté OA de l'angle droit ; *génératrice* ou *côté* du cône, l'hypoténuse SA qui décrit la *surface latérale; sommet,* l'extrémité S de l'axe SO.

La *hauteur* du cône droit est évidemment l'axe même, car cet axe, d'après le mode de génération du cône, est perpendiculaire à toutes les droites qui passent par son pied dans le plan de la base.

THÉORÊME.

201. Toute section faite dans un cône, par un plan parallèle à la base, est un cercle.

L'axe étant perpendiculaire à la base, est perpendiculaire à tout plan parallèle à cette base. Soit *o* le point où l'axe est rencontré par la section, et considérons la distance *oa* du point *o* à un point *a quelconque*, pris sur le contour de la section. Si l'on mène un plan suivant SO et *oa*, on forme deux triangles semblables S*oa*, SOA, qui donnent

$$\frac{oa}{\mathrm{OA}} = \frac{\mathrm{S}o}{\mathrm{SO}}, \text{ d'où } oa = \frac{\mathrm{S}o}{\mathrm{SO}} \times \mathrm{OA}.$$

Mais, pour une même section, toutes les parties du second membre sont constantes; la distance *oa* est donc elle-même constante, et le contour de la section est une circonférence de cercle.

202. Tronc de cône droit. On nomme *tronc de cône droit* à bases parallèles, le solide qui est compris entre la base d'un cône et une section parallèle à cette base. Il est la différence des deux cônes engendrés par SOA et S*oa*, et peut lui-même être considéré comme engendré par la révolution du trapèze *oa*AO, autour du côté *o*O perpendiculaire aux deux bases de ce trapèze. La ligne *o*O est l'*axe* ou la *hauteur* du tronc de cône, *a*A en est le *côté*, et les cercles décrits par *oa*, OA en sont les deux *bases*.

203. Un cône peut être assimilé à une pyramide polygonale régulière, ayant pour arête le côté du cône, et pour base un polygone régulier d'un nombre infini de côtés infiniment petits, inscrit dans la base circulaire du cône.

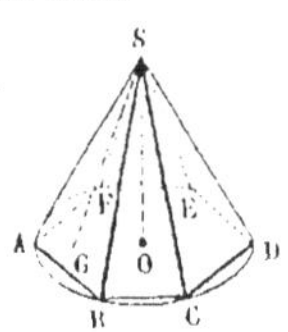

Inscrivons un polygone régulier, ABCDEF, dans la base du cône, et joignons le sommet S du cône aux divers sommets du polygone inscrit. Nous formons ainsi une pyramide régulière, inscrite au cône, dont toutes les faces latérales sont égales au triangle isocèle SAB, dont SG est l'apothème.

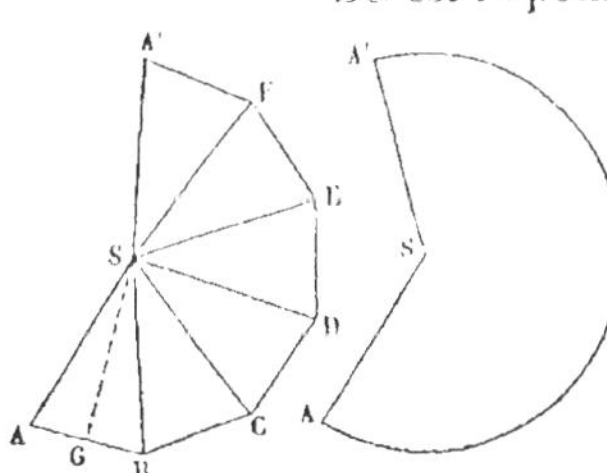

Si l'on augmente de plus en plus le nombre des côtés du polygone inscrit, la base de la pyramide tend à se confondre de plus en plus avec la base du cône, et l'apothème SG avec la génératrice du cône ; la pyramide et le cône coïncident, quand les côtés du polygone sont infiniment petits.

Corollaire. Il est possible de rabattre sur un même plan toutes les faces latérales d'une pyramide ; ainsi, la face SAB de la pyramide inscrite, peut tourner autour de SB, jusqu'à ce qu'elle soit dans le plan de la face SBC ; les plans de ces deux faces, confondus ensemble, peuvent ensuite tourner simultanément autour de SC, jusqu'à ce qu'ils coïncident avec le plan SCD, et ainsi de suite.

Ce rabattement peut être opéré quel que soit le nombre des côtés du polygone ; il en est donc de même quand leur nombre est infini, ou que la pyramide se transforme en cône. D'après cela, la surface latérale d'un cône droit peut se développer sur un plan, et elle prend alors la forme d'un secteur circulaire SAA′, ayant pour rayon la génératrice SA du cône.

THÉORÈME.

204. La surface latérale d'un cône droit, à base circulaire, a pour mesure la moitié du produit de la circonférence de sa base par sa génératrice.

La surface latérale d'une pyramide régulière, inscrite au cône, est égale à autant de fois le triangle SAB qu'il y a de côtés dans le polygone inscrit à la base. Si n est ce nombre, il vient

$$\text{Surface latérale de la pyramide} = n \times \text{SAB} = n \times \text{AB} \times \tfrac{1}{2}\text{SG}.$$

Mais $n \times \text{AB}$ est le périmètre de la base de la pyramide ; on a donc

$$\text{Surface latérale de la pyramide} = \text{périmètre de la base} \times \tfrac{1}{2}\text{SG}.$$

Quand la pyramide se confond avec le cône, le périmètre polygonal devient la circonférence de la base, et SG est égal à la génératrice SA ; donc

$$\text{Surf. latérale du cône} = \tfrac{1}{2}\text{circonférence de la base} \times \text{génératrice SA}.$$

Cette expression se déduit, si l'on veut, du développement même de la surface sur un plan. Car la surface, devenant alors le secteur SAA′, a pour mesure l'arc $\text{AA}' \times \frac{1}{2}\text{SA}$, et l'arc AA′ n'est autre chose que la circonférence de la base développée.

Représentons par r le rayon de la base du cône, et par g la génératrice, nous aurons

$$\text{Surface latérale du cône} = \pi r g.$$

THÉORÈME.

205. La surface latérale d'un tronc de cône droit, à bases parallèles, a pour mesure le produit de la demi-somme des circonférences de ses bases par son côté.

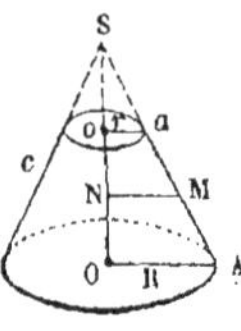

Achevons le cône et représentons par R le rayon OA de la grande base, par r celui de la petite base, par G la génératrice SA, par g la génératrice Sa, et, enfin, par c le côté $\text{A}a = \text{G} - g$ du tronc de cône. La surface latérale du tronc est la différence des surfaces latérales des cônes SA et Sa ; or, on a

$$\left.\begin{array}{l}\text{Surf. SA} = \pi \text{GR} \\ \text{Surf. S}a = \pi g r\end{array}\right\} \text{ d'où surface } a\text{A} = \pi\,(\text{GR} - gr).$$

Les triangles semblables SOA, Soa, donnent

$$\frac{\text{SA}}{\text{OA}} = \frac{\text{S}a}{oa} = \frac{\text{SA} - \text{S}a}{\text{OA} - oa}, \text{ c'est-à-dire } \frac{\text{G}}{\text{R}} = \frac{g}{r} = \frac{c}{\text{R} - r}.$$

On tire de là $\quad \text{G} = \dfrac{\text{R}c}{\text{R} - r}, \; g = \dfrac{rc}{\text{R} - r}$

Substituant ces valeurs ci-dessus, on obtient

$$\text{surface } a\text{A} = \pi \left(\frac{\text{R}^2 - r^2}{\text{R} - r}\right) c$$

Ou se rappelant que $\text{R}^2 - r^2 = (\text{R} + r)(\text{R} - r)$ et simplifiant

$$\text{Surface tronc de cône} = \pi\,(\text{R} + r)c.$$

Mais $\pi\,(\text{R} + r) = \dfrac{2\pi\text{R} + 2\pi r}{2} = \dfrac{\text{cir. OA} + \text{cir. } oa}{2}$; donc le tronc de cône a pour mesure le produit de la demi-somme des circonférences de ses bases par son côté c.

Remarque. Si, par le milieu M du côté Aa, on mène la droite MN perpendiculaire à Oo, elle est parallèle aux rayons OA, oa, et passe par le milieu du second côté Oo du trapèze OoaA : on a donc (**133**)

$$2\text{MN} = \text{OA} + oa = \text{R} + r$$

et, par suite, surf. tronc de cône $= 2\pi\text{MN}.c$.

Ainsi, le tronc de cône a encore pour mesure le produit de la circonférence 2πMN, tracée à égale distance des bases, par son côté.

THÉORÈME.

206. Le volume d'un cône droit est égal au tiers du produit de sa base par sa hauteur.

Cela résulte de ce que le cône peut être assimilé à une pyramide.

Si h est la hauteur du cône et r le rayon de sa base, cette base sera égale à πr^2, et par suite, on aura

$$\text{Volume du cône} = \tfrac{1}{3}\,\pi\, h r^2.$$

THÉORÈME.

207. Un tronc de cône droit dont les rayons des bases sont R, r, et dont la hauteur est h, a pour mesure $\frac{1}{3}\pi h(R^2+r^2+Rr)$.

Les deux cônes droits dont la différence forme le tronc, pouvant être assimilés à des pyramides, le tronc lui-même devient un tronc de pyramide à bases parallèles; or, le volume d'un pareil solide a pour expression $\frac{1}{3}h\,(B+b+\sqrt{Bb})$, où B et b représentent les deux bases, qui sont, dans le cas actuel, des cercles de rayons R et r.

On a donc $B=\pi R^2$, $b=\pi r^2$, $Bb=\pi^2R^2r^2$ ou $\sqrt{Bb}=\pi Rr$; et, par conséquent,

$$\text{Volume tronc de cône} = \tfrac{1}{3}\pi h(R^2+r^2+Rr).$$

DU CYLINDRE.

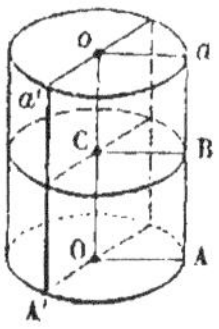

208. Cylindre droit à bases circulaires. Un *cylindre droit*, à bases circulaires, est le corps engendré par une révolution entière d'un rectangle oaAO, tournant autour d'un de ses côtés oO.

On nomme *axe* du cylindre, le côté fixe oO qui est aussi sa *hauteur*; *génératrice*, le côté aA qui décrit la *surface latérale*; *bases*, les deux cercles égaux décrits par oa et OA.

Toute section plane, passant par l'axe, détermine évidemment un rectangle oOA$'a'$, égal au rectangle générateur oOAa; car cette section donne une des positions qu'occupe le rectangle générateur dans son mouvement de rotation. Le prolongement de la section des deux côtés de l'axe, détermine un rectangle double du rectangle générateur.

Toute section plane, faite parallèlement aux bases, est un cercle de même rayon que ces bases. Car, si C est le point où la section coupe l'axe, et si B est un point *quelconque* du contour de la section, en faisant passer un plan par l'axe et le point B, on obtient un rectangle oCBa, dans lequel CB $= oa$: le contour est donc une circonférence de cercle ayant oa pour rayon.

209. Un cylindre droit peut être assimilé à un prisme droit, ayant pour base un polygone régulier d'un nombre infini de côtés infiniment petits.

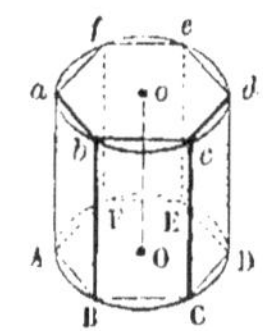

Si l'on inscrit, en effet, un polygone régulier ABCDEF, dans l'une des bases du cylindre, et si l'on élève, par les sommets de ce polygone, des perpendiculaires à cette base, ces perpendiculaires sont autant de positions de la génératrice mobile, c'est-à-dire qu'elles sont situées sur la surface latérale du cylindre et égales entre elles. En joignant leurs extrémités, on forme un polygone *abcdef*, dont les côtés sont égaux et parallèles à ceux du polygone régulier ABCDEF ; ainsi, la figure inscrite, dans le cylindre, est un prisme droit.

A mesure que le nombre des côtés du polygone inscrit à la base augmente, les faces du prisme se rapprochent de la surface latérale du cylindre, et la coïncidence existe quand les côtés du polygone sont infiniment petits, ou en nombre infini.

THÉORÈME.

210. La surface latérale d'un cylindre droit a pour mesure le produit de la circonférence de sa base par sa hauteur.

D'abord, la surface latérale d'un prisme droit est égale au périmètre de la base, multiplié par la hauteur. Car la face AB*ba* a pour mesure $AB \times Aa$, ou $AB \times Oo$; la face suivante BC*cb* a pour mesure $BC \times Bb$, ou $BC \times Oo$, et ainsi de suite : donc, la somme de ces faces ou

$$\text{la surface latérale du prisme} = (AB + BC + CD + \ldots) \times Oo.$$

Cela posé, le cylindre pouvant être assimilé à un prisme, sa surface latérale est égale au produit du périmètre de sa base, qui est une circonférence, par sa hauteur.

Si r est le rayon de la base et h la hauteur du cylindre, il vient

$$\text{Surface latérale du cylindre droit} = 2\pi r h.$$

THÉORÈME.

211. Le volume d'un cylindre droit est égal au produit de sa base par sa hauteur.

Cela résulte encore de ce que le cylindre peut être assimilé à un prisme. Il vient

$$\text{Vol. cylindre} = \text{cercle } r \times h = \pi r^2 h.$$

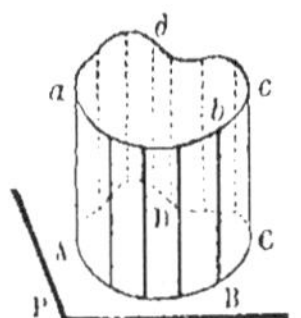

212. Cylindre droit à base quelconque. Soit une courbe plane quelconque *abcd* ; supposons un plan P parallèle au plan de cette courbe, et abaissons, des différents points de *abcd*, des perpendiculaires sur le plan P ; toutes ces droites seront égales et parallèles comme comprises entre plans parallèles ; la courbe ABCD aura toutes ses parties égales et parallèles aux parties correspondantes de *abcd*, et les deux courbes pourraient être superposées.

Le corps ainsi déterminé est un cylindre droit à base quelconque. On peut le regarder comme engendré par une ligne A*a*, qui se meut perpendiculairement à une courbe plane *abcd*, en suivant le contour de cette ligne. Si la courbe est une circonférence, le cylindre est à base circulaire.

Une courbe étant assimilée à une ligne brisée, la surface latérale du cylindre droit quelconque, se compose d'une suite de petites faces rectangulaires infiniment minces, qui ont pour hauteur A*a* ; la mesure de chacune de ces petites faces est égale au produit de l'élément de la base qui lui correspond par sa hauteur ; donc, la surface latérale entière est égale à la somme de ces éléments, ou à la courbe *abcd*, multipliée par le facteur commun A*a*.

Le cylindre quelconque pouvant toujours être assimilé à un prisme, l'expression de son volume est celle même du prisme.

Ainsi, en général,

Un prisme droit a, pour surface latérale, le produit du périmètre de sa base par sa hauteur, et, pour volume, le produit de la surface de sa base par sa hauteur.

DE LA SPHÈRE.

213. Sphère. On entend par *sphère*, un corps terminé de toutes parts par une surface courbe, dont tous les points sont équidistants d'un même point intérieur nommé *centre*.

Un *rayon* est cette distance constante du centre à la surface ; ainsi, tous les rayons sont égaux.

Un *diamètre* est une droite qui, *passant par le centre*, se termine de part et d'autre à la surface ; tous les diamètres sont doubles du rayon, et, par suite, égaux entre eux.

Une *corde* est toute droite qui joint deux points de la surface de la sphère.

Le diamètre est la plus grande corde d'une sphère; car toute autre corde est moindre que la somme des deux rayons menés à ses extrémités, ou moindre qu'un diamètre.

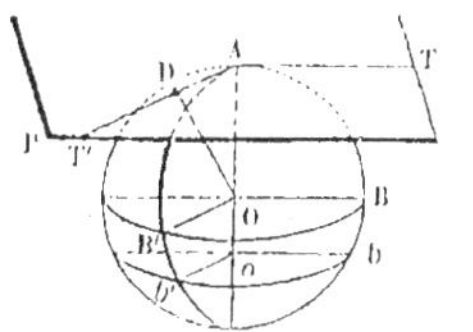

214. Génération de la sphère. La génération de la sphère est donnée par la révolution d'un demi-cercle ABC, autour de son diamètre AC, qui sert d'*axe de rotation*.

Si l'on imagine des perpendiculaires AT, OB, *ob*,... élevées en différents points de cet axe, les perpendiculaires, menées aux *pôles de rotation* A, C, décrivent des plans qui n'ont qu'un seul point commun avec la sphère; les autres perpendiculaires décrivent des plans qui coupent la surface de la sphère suivant des circonférences, dont les rayons tels que *ob* sont d'autant moindres, qu'ils sont plus éloignés du centre.

Plan tangent. On nomme *plan tangent*, tout plan qui n'a qu'un seul point commun avec la sphère.

Plan sécant. Un plan est dit *sécant*, lorsqu'il rencontre la sphère en plus d'un point.

THÉORÊME.

215. 1° Tout plan P, perpendiculaire à l'extrémité A d'un rayon OA d'une sphère, est tangent à cette sphère.

Car, si on joint le centre O à *tout autre* point D du plan P, la droite OD est oblique au plan et, par suite, plus grande que le rayon perpendiculaire OA; l'extrémité D est donc hors de la sphère, et le plan P n'a que le point A commun avec la sphère.

2° Réciproquement, tout plan P, tangent à la sphère, est perpendiculaire au rayon OA du point de tangence.

Car *tout autre* point D du plan étant hors de la sphère, toute droite OD, autre que OA, est plus grande que le rayon ; la droite OA est donc la plus courte distance du centre O au plan, c'est-à-dire, est la perpendiculaire menée du point O sur le plan.

COROLLAIRE. Par un point A donné sur la surface d'une sphère, on peut toujours mener un plan tangent, et l'on n'en peut mener qu'un seul.

THÉORÈME.

216. Toute section faite dans la sphère par un plan, est un cercle dont le centre est le pied o de la perpendiculaire Oo, menée du centre de la sphère sur ce plan.

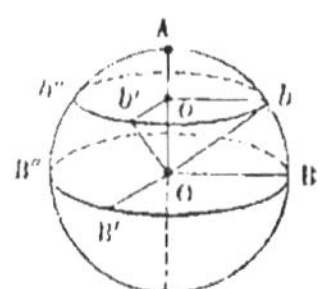

Soit b' un point *quelconque* du contour de la section ; si l'on joint Ob' et ob', l'angle Oob' est droit, et l'on a, en nommant R le rayon de la sphère $Ob = Ob' = \ldots$

$$\overline{ob'}^2 = \overline{Ob'}^2 - \overline{Oo}^2 = \mathrm{R}^2 - \overline{Oo}^2.$$

Donc, ob' est une quantité constante, c'est-à-dire que la section est un cercle ayant son centre en o, et dont le rayon est ob.

217. Grands cercles. Si le plan sécant passe par le centre de la sphère, la distance Oo devient nulle et le rayon ob atteint sa plus grande valeur OB, qui est celle du rayon de la sphère. On donne le nom de *grand cercle*, à toute section qui passe ainsi par le centre de la sphère : il est évident que tous les grands cercles sont égaux entre eux.

Petits cercles. On nomme *petit cercle*, toute section plane faite dans la sphère, sans passer par le centre.

Axe. L'*axe* d'un grand ou d'un petit cercle est le diamètre AC de la sphère perpendiculaire au grand ou au petit cercle ; l'axe d'un cercle passe donc aussi par le centre de ce cercle (**216**).

Pôles. Les *pôles* d'un cercle de la sphère, sont les deux extrémités A, C, de l'axe de ce cercle.

THÉORÈME.

218. Par deux points B, B', pris sur la surface d'une sphère, on peut toujours faire passer une circonférence de grand cercle.

Car, par ces deux points et le centre de la sphère, on peut toujours faire passer un plan.

Remarque. Quand les deux points B, B', donnés, ne se trouvent pas aux extrémités d'un même diamètre, ils ne sont pas situés sur une même droite avec le centre O ; ils déterminent donc, avec ce point, *une seule* position de plan, et coupent, en deux arcs inégaux BB', B'B''B, la circonférence *unique* de grand cercle qui en résulte.

Si les deux points donnés sont situés sur un même diamètre, tels que les points A et C, ils forment une ligne droite avec le centre de la sphère, et le nombre infini de plans qu'on peut faire passer suivant cette droite, détermine une infinité de grands cercles, dont les circonférences sont toutes divisées en deux parties égales par les points A et C.

THÉORÈME.

219. Sur une surface sphérique, la plus courte distance de deux points, A et B, est le plus petit arc de grand cercle ACB, qui passe par ces deux points.

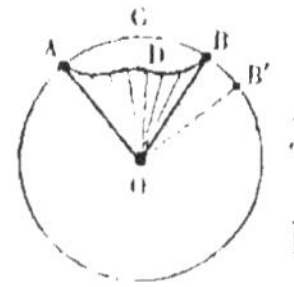

Pour le démontrer, il suffit de faire voir que l'arc ACB est moindre que toute autre courbe ADB, qui joindrait ces deux points sur la surface de la sphère.

Concevons des rayons menés du centre O à tous les points de la courbe ADB; cette courbe pouvant être assimilée à une ligne brisée dont les côtés sont infiniment petits, on aura en O un angle polyèdre, dont l'angle plan AOB est évidemment moindre que la somme de tous les autres angles plans, infiniments petits, dont les côtés aboutissent à la courbe ADB (**168**).

D'après cela, si l'on rabat sur le plan AOB, toutes les autres faces à partir de OA, ce qu'on peut faire ainsi qu'il a été indiqué pour la surface d'un cône, leur ensemble formera un angle AOB' > AOB. Mais, dans ce rabattement, les différents points de ADB restent à leur distance constante du centre O, et viennent s'appliquer sur l'arc de grand cercle ACB; le développement de la courbe ADB sera donc l'arc ACB' > ACB.

Ainsi, l'arc de grand cercle donne la plus courte distance entre les deux points, sur la surface d'une sphère; cette propriété le fait choisir pour mesurer la distance de deux points de cette surface.

THÉORÈME.

220. Les pôles A, A' d'un cercle de la sphère, sont équidistants de tous les points de sa circonférence.

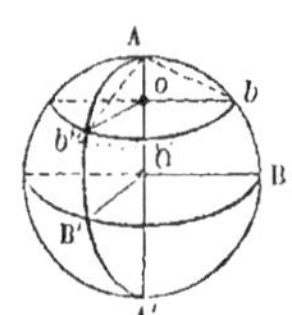

Considérons d'abord un petit cercle; si l'on joint le pôle A, par exemple, aux divers points, b, b'... de sa circonférence, ces droites sont des obliques s'écartant également du pied de la perpendiculaire Ao; elles sont donc égales entre elles, et de leur égalité résulte celle des arcs de grands cercles Ab, Ab',..., qu'elles soustendent.

S'il s'agit d'un grand cercle, on voit que les angles droits AOB, AOB',..., ont pour mesure les arcs AB, AB',..., puisque OA = OB = OB' = ...; ainsi, tous ces arcs valent un quadrant et sont égaux entre eux.

Remarque. On déduit de là un moyen pratique de tracer un cercle sur la sphère. On se sert d'un compas à branches recourbées, nommé *compas sphérique* ou *compas d'épaisseur*; l'une des pointes étant posée en A, l'autre en tournant décrit sur la sphère une courbe bb',..., qui a tous ses points à égale distance du point A; cette courbe se confond donc avec le cercle qui a le point A pour pôle et passe par le point b.

Si l'ouverture des pointes est égale à la corde qui soustend un arc de 90° ou un quadrant, le cercle décrit est un grand cercle de la sphère.

THÉORÈME.

221. Si, sur une sphère, un point A est à 90° de deux autres points B, B' non situées sur un même diamètre, il est l'un des pôles du grand cercle qui passe par ces deux points.

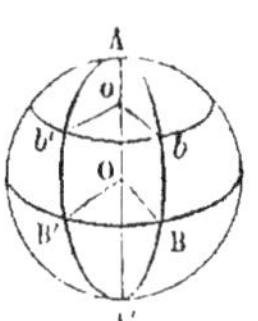

Soit O le centre de la sphère; menons les rayons OA, OB, OB'. Les angles AOB, AOB', sont droits, puisqu'ils ont pour mesure les arcs AB, AB' de 90°; donc AO, perpendiculaire aux deux droites OB, OB', est perpendiculaire à leur plan ou au grand cercle qu'elles déterminent; ainsi, AO est une droite menée perpendiculairement au cercle par le centre de la sphère; c'est donc l'axe du cercle et l'extrémité A est l'un de ses pôles.

Remarque. Si les points B, B', étaient aux extrémités d'un même diamètre, les droites OB, OB', ne formeraient plus deux lignes distinctes, et la conséquence cesserait d'avoir lieu.

THÉORÈME.

222. L'intersection AA′ de deux grands cercles AB, AB′ perpendiculaires à un troisième grand cercle BB′, est l'axe de ce grand cercle.

Car ces plans étant perpendiculaires sur le plan BB′, leur intersection AA′ est perpendiculaire à ce troisième plan; or, les grands cercles passant tous par le centre de la sphère, l'intersection AA′ est nécessairement un diamètre : elle est donc l'axe du cercle BB′, et les extrémités A, A′ en sont les pôles.

REMARQUE. Le théorème existe encore lorsque le troisième cercle est un petit cercle *bb′*; il n'y a rien changer à la démonstration.

PROBLÈME.

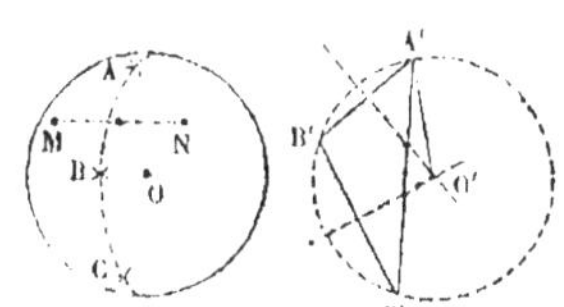

223. Étant donnée une sphère, construire son rayon.

Marquons, sur la sphère, deux points arbitraires M, N, et concevons ces deux points joints par une ligne droite. Si l'on imaginait un plan perpendiculaire sur le milieu de cette corde, il passerait par tous les points situés à égale distance des extrémités M, N, et, par conséquent, par le centre O de la sphère; il couperait donc la surface de cette sphère suivant une circonférence de grand cercle, ayant tous ses points équidistants de M et N.

D'après cela, si des points M, N comme pôles, avec une même ouverture de compas, on décrit deux arcs, leurs intersections, en A et en B, donnent deux points de cette circonférence; un changement d'ouverture, dans le compas, permet d'en obtenir un troisième point C. Prenant, avec un compas, les distances rectilignes AB, BC, AC, on a les trois côtés d'un triangle ABC, inscrit dans le grand cercle, triangle que l'on peut construire sur un plan. Soit A′B′C′ ce triangle; cherchant le centre O′ du cercle qui lui est circonscrit, on obtient la longueur O′A′, pour celle du rayon du grand cercle ou de la sphère.

COROLLAIRE. Si l'on veut avoir la corde qui soustend l'arc de 90°, on fait, sur un plan, un angle droit, et l'on donne à chaque côté une longueur égale au rayon de la sphère; la droite qui joint les deux extrémités, est la corde demandée

DES ANGLES ET DES TRIANGLES SPHÉRIQUES.

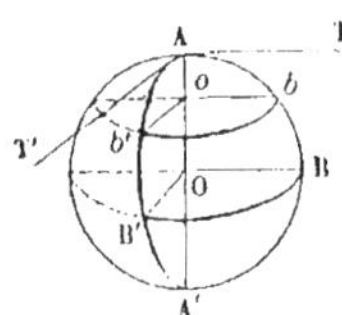

224. Angle sphérique. On appelle, en général, *angles de deux courbes* qui se coupent, l'angle rectiligne que forment les tangentes à ces courbes, menées par leur point d'intersection.

D'après cela, l'angle BAB', de deux grands cercles de la sphère, qui porte le nom d'*angle sphérique*, est l'angle TAT' des tangentes à ces deux grands cercles ; les arcs AB, AB', sont les côtés de l'angle, et le point A en est le sommet.

THÉORÊME.

225. Un angle sphérique a même mesure que l'angle dièdre formé par les plans de ses côtés.

Les plans des deux côtés de l'angle sont, en effet, deux grands cercles qui se coupent suivant un diamètre AOA' ; or, on sait que les tangentes AT, AT', sont perpendiculaires à l'extrémité du rayon OA ; elles sont d'ailleurs situées dans chaque plan respectif : donc, leur angle TAT' mesure l'angle dièdre des plans AB, AB'.

Corollaire I. Il résulte de là *qu'un angle sphérique* BAB', *a pour mesure l'arc de grand cercle* BB', *ou tout arc de petit cercle* bb', *compris entre ses côtés, et décrit de son sommet* A *comme pôle*.

Car si l'on joint les deux extrémités de l'arc à son centre, la ligne AOA', étant l'axe du cercle, est perpendiculaire à ces deux rayons ; donc, l'angle de ces rayons, ou l'arc qu'ils comprennent, a la même mesure que l'angle dièdre formé par les plans des côtés de l'angle sphérique.

Corollaire II. L'angle sphérique, ainsi que l'angle dièdre, peut être *droit*, *aigu*, *obtus*, et même dépasser deux angles droits.

Quand deux arcs de grands cercles font ensemble un angle droit, on dit qu'ils sont perpendiculaires entre eux ; autrement, ils sont dits obliques l'un à l'autre.

Les angles sphériques *adjacents*, formés par un arc de grand cercle qui en rencontre un autre, sont *supplémentaires* ; les angles opposés par le sommet sont égaux.

THÉORÈME.

226. Un angle sphérique BCb a pour mesure la distance Aa des pôles de ses côtés.

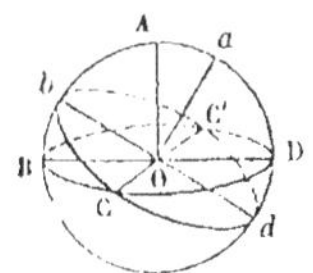

Soient O le centre de la sphère, OA l'axe du cercle BCD, et Oa l'axe du cercle bCd ; concevons, par ces deux axes, un plan qui coupe la sphère suivant le grand cercle aAbBdD, perpendiculaire à la fois aux deux grands cercles BCD, bCd, et par conséquent, à leur intersection COC' ; cette droite COC', étant un diamètre perpendiculaire au cercle aAbBdD, en est l'axe, et les points C, C' en sont les pôles : donc, l'angle BCb a pour mesure l'arc Bb. Or, on a

AB $=90°$, $ab=90°$; d'où AB $=ab$, c'est-à-dire Ab + Bb = Ab + Aa,

ou enfin $$Bb = Aa.$$

227. Triangles sphériques. Un *triangle sphérique* ABC

est la portion de la surface d'une sphère comprise entre trois arcs de grands cercles tracés sur cette surface ; les trois angles A, B, C, et les trois côtés AB, AC, BC, forment les six éléments du triangle.

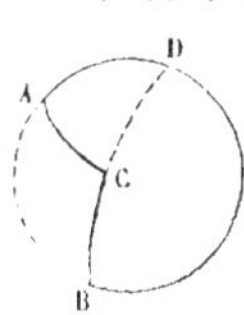

On ne considère que les triangles sphériques dont les côtés et les angles sont moindres que 180°, parce que tout autre triangle peut être remplacé par un triangle adjacent, qui rentre dans le cas précédent. Soit, par exemple, un triangle ACBDA, où nous supposerons l'angle C et le côté ADB plus grand que 180° ; en achevant la circonférence ADBA, nous formons un triangle ACBA qui a toutes ses parties moindres que 180°, et dont les éléments font connaître les éléments du triangle primitif ; car, les côtés AC, CB sont communs, le côté ADB $=360°$ — AB, l'angle CAD $=180°$ — CAB, l'angle CBD $=180°$ — CBA, et les angles en C, dans les deux triangles, valent ensemble 360°.

Il résulte de là que *la somme des trois côtés d'un triangle sphérique* ABC, tel que nous le considérons, *est toujours moindre que* 360°, *ou que quatre droits.*

Car, prolongeons deux de ses côtés, BA, BC, jusqu'à leur rencontre en D ; l'arc de grand cercle AC étant la plus courte distance du point A au point C, il vient

$$AC < AD + DC\,;$$

si l'on ajoute BA + BC aux deux membres de l'égalité, on a

$$AC + BA + BC < BAD + BCD$$

ou

$$< 180^\circ + 180^\circ$$

$$< 90^\circ \times 4.$$

Un triangle sphérique est dit *rectangle, isoscèle, équilatéral,* dans les mêmes conditions qu'un triangle rectiligne.

228. Un triangle sphérique a les mêmes éléments que le trièdre formé au centre de la sphère, par les plans de ses trois côtés.

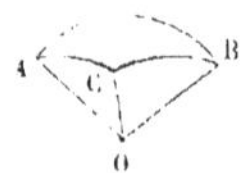

Par les trois côtés AB, AC, BC, concevons des plans ; ils forment au centre O de la sphère, un trièdre, dont les angles plans sont mesurés par les côtés du triangle sphérique, et dont les angles dièdres, qui ont pour arêtes OA, OB, OC, sont égaux aux angles sphériques A, B, C. Ainsi, les éléments sont les mêmes ; de sorte que les propriétés des triangles sphériques, qui se rapportent à ces éléments, peuvent se déduire des propriétés correspondantes des angles dièdres, et réciproquement.

229. Propriétés communes aux triangles sphériques et aux triangles rectilignes.

Tous les théorèmes des Nos 27, 28, 29, 30, 31, 32, 33, 34 et 35, relatifs à certaines relations entre les éléments des triangles rectilignes, sont applicables aux triangles sphériques ; les démonstrations sont absolument les mêmes, pourvu qu'on substitue aux angles rectilignes, des angles sphériques, et aux lignes droites, des arcs de grands cercles ; quand on compare deux triangles, on les suppose toujours tracés sur une même sphère, ou sur des sphères égales ; les droites perpendiculaires des figures planes, devront être remplacées par des *arcs perpendiculaires* appartenant à de grands cercles.

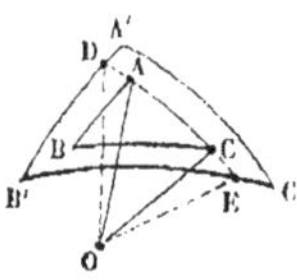

230. Triangles polaires ou supplémentaires. Si des sommets A, B, C, d'un triangle sphérique comme pôles, on décrit trois arcs de grands cercles sur la sphère, on forme un second triangle A'B'C', dont les sommets sont également les pôles des côtés du triangle proposé ABC.

Par exemple, le sommet A′ se trouvant sur les arcs A′B′, A′C′, est à 90° des sommets B, C, pôles respectifs de ces arcs (**220**); il est donc lui-même le pôle du grand cercle BC, qui passe par ces deux points (**221**).

Les deux triangles ABC, A′B′C′ sont dits *polaires* l'un de l'autre, parce que les sommets de l'un sont les pôles des côtés opposés de l'autre.

Ils sont dits encore *supplémentaires* l'un de l'autre, parce qu'ils jouissent de cette propriété remarquable, que chaque angle de l'un de ces triangles a pour supplément le côté opposé de l'autre.

Considérons, par exemple, l'angle B′ du second triangle et le côté opposé AC dans le premier : la rencontre de cet arc avec les côtés de l'angle B′, donne un arc DE qui est la mesure de cet angle; on a donc

$$B' + AC = DE + AC.$$

On joignant le centre O de la sphère aux extrémités des arcs DE, AC, et remplaçant ces arcs par les angles DOE, AOC, qu'ils mesurent,

$$B' + AC = DOE + AOC.$$

Mais les extrémités A, C de l'arc considéré, étant les pôles respectifs de B′C′, A′B′, les arcs AE, CD sont de 90° degrés, c'est-à-dire que les angles AOE, COD sont droits. Donc, les deux angles DOE, AOC ont leurs côtés respectivement perpendiculaires, et du moment qu'ils ne sont pas égaux, ils sont supplémentaires ; il vient donc enfin

$$B' + AC = 180°$$

Remarque. Dans la figure, on a supposé les côtés du triangle primitif moindres que 90°; mais le raisonnement s'applique à tous les cas possibles, et il reste indentiquement le même, si l'on conserve les mêmes lettres dans les nouvelles figures.

Quand les côtés du triangle donné sont tous trois de 90° son triangle polaire se confond avec lui; c'est le seul cas où les deux triangles ne diffèrent pas l'un de l'autre.

THÉORÈME.

231. Deux triangles sphériques, tracés sur une même sphère ou sur des sphères égales, sont égaux, quand ils ont leurs trois angles égaux chacun à chacun.

Construisons, en effet, leurs triangles polaires ; les côtés de ces derniers triangles seront égaux chacun à chacun, comme étant les suppléments des angles égaux des premiers triangles. Les triangles polaires sont donc égaux, d'après le cas d'égalité du N° **32**, applicable aux triangles sphériques. Les angles de ces triangles sont, par suite, égaux chacun à chacun, ce qui entraîne l'égalité des suppléments de ces angles ou des côtés du triangle primitif.

Remarque. On sait que les triangles rectilignes sont seulement semblables, dans les mêmes conditions.

THÉORÈME.

232. La somme des trois angles d'un triangle sphérique, est toujours comprise entre deux angles droits et six angles droits.

Car, soient A, B, C les trois angles d'un triangle sphérique, a', b', c', les côtés du triangle supplémentaire ; on aura

$$\left.\begin{array}{l} A = 180^\circ - a' \\ B = 180^\circ - b' \\ C = 180^\circ - c' \end{array}\right\} \text{d'où } A + B + C = 90^\circ \times 6 - (a' + b' + c').$$

Mais on sait que la somme $a' + b' + c'$, des trois côtés d'un triangle est $> 0^\circ$ et $< 90^\circ \times 4$ (**227**) ; on a donc $A + B + C < 90^\circ \times 6$ et $> 90^\circ \times 2$.

Remarque. On voit qu'un triangle sphérique peut avoir un, ou deux ou trois angles droits, et on dit alors qu'il est *rectangle*, ou *bi-rectangle* ou *tri-rectangle*.

THÉORÈME.

233. Si par le pôle A d'un grand ou d'un petit cercle B'EB, et par un autre point C de la surface de la sphère compris entre le pôle et le cercle, on fait passer un grand cercle BCB' :

1° On obtient, sur cette surface, deux arcs CB, CB' d'un même grand cercle, perpendiculaires à la circonférence B'EB.

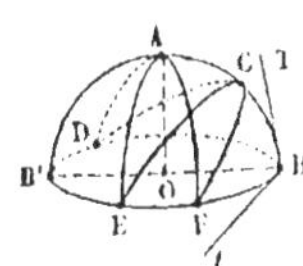

En effet, le grand cercle AC contient l'axe du cercle B'EB; il passe donc par son centre O, ou le coupe suivant un diamètre B'OB, et il est perpendiculaire à son plan. Or, si l'on mène les tangentes respectives BT, Bt aux cercles, Bt est perpendiculaire au rayon OB, intersection des deux plans, et se trouve tout entière dans l'un d'eux; elle est donc perpendiculaire à l'autre plan B'AB, et, par conséquent, à la droite BT qui y est contenue.

L'angle des tangentes étant droit, l'angle des deux cercles l'est aussi.

2° Si l'on joint le point C à différents points de la circonférence B'EBD, par des arcs de grands cercles, chacun de ces arcs obliques a sa grandeur comprise entre les longueurs des deux arcs perpendiculaires CB, CB'.

Soit, par exemple, l'oblique CE; menons l'arc de grand cercle AE = AB = AB'; nous aurons, dans le triangle sphérique AEC,

$$\begin{array}{llll} & CE < AE + AC & \text{et} & CE > AE - AC, \\ \text{ou} & < AB' + AC & & > AB - AC, \\ \text{c'est-à-dire} & < CB' & & > CB. \end{array}$$

3° Si deux arcs obliques CD, CE, sont à des distances telles de l'un des pieds B, qu'on ait BD = BE, ces deux arcs sont égaux.

Car les triangles sphériques ADC, AEC ont les angles CAD, CAE égaux, comme ayant pour mesures les arcs égaux BD, BE; de plus, le côté AC est commun, et le côté AD = AE; les deux triangles sont donc égaux, et l'on a CD = CE.

4° Les arcs obliques augmentent de grandeur à mesure qu'ils s'éloignent du pied B, du plus petit arc perpendiculaire, ou qu'ils se rapprochent du pied B' de l'autre arc.

Supposons, par exemple, BD > BF; les deux triangles ADC, AFC ont un angle inégal DAC > FAC, compris entre deux côtés égaux; donc le côté DC est plus grand que le côté FC.

Remarque 1. Quand la circonférence B'EB appartient à un grand cercle, les arcs perpendiculaires CB et CB' sont supplémentaires; ainsi, dans ce cas, chaque arc oblique est compris entre CB et 180° — CB.

REMARQUE II. Les réciproques pourraient se démontrer sans difficulté.

AIRE ET VOLUME DE LA SPHÈRE.

THÉORÈME.

234. La surface engendrée par une ligne polygonale régulière ABCDE, tournant autour d'un axe M'M mené dans son plan et par son centre O, a pour mesure la circonférence du cercle inscrit à cette ligne polygonale, 2πOH, multipliée par la projection Ae de cette ligne sur l'axe.

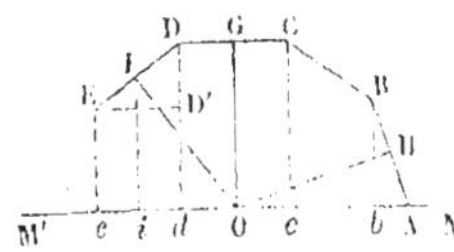

Considérons les diverses parties de la surface engendrées par chacun des côtés de cette ligne, que nous supposons tous projetés sur l'axe; leur position, par rapport à cette ligne, sera l'une des trois suivantes : ou parallèle à l'axe comme CD, ou adjacente à l'axe comme AB, ou inclinée sur l'axe, sans lui être adjacente, comme DE.

1° Le côté CD engendre la surface latérale d'un cylindre droit, ayant pour rayons des bases les lignes $Cc = Dd$ égales à OG ou à OH, et pour hauteur $CD = cd$. On a donc (210)

$$\text{surface CD} = 2\pi Cc \times CD = 2\pi OH \times cd.$$

2° La surface engendrée par AB est celle d'un cône droit dont le côté est AB, et dont le rayon de la base est Bb; ainsi, il vient (204)

$$\text{surf. AB} = 2\pi Bb \times \tfrac{1}{2} AB = 2\pi Bb \times AH.$$

Mais les triangles rectangles ABb, AHO ont un angle aigu A commun ; ils sont donc semblables et donnent

$$\frac{Bb}{OH} = \frac{Ab}{AH}, \quad \text{d'où } Bb \times AH = OH \times Ab.$$

En substituant cette valeur dans l'expression précédente, on obtient

$$\text{surf. AB} = 2\pi OH \times Ab.$$

3° La surface décrite par le côté DE, est la surface latérale d'un tronc de cône droit, dont le trapèze générateur est DdeE ; si, par le milieu I du côté, on mène Ii perpendiculaire à l'axe, il vient (205)

$$\text{surf. DE} = 2\pi \text{I}i \times \text{DE}.$$

Traçons la droite ED', parallèle à l'axe ; les triangles OIi, DD'E, ont leurs côtés respectivement perpendiculaires ; ils sont donc semblables et donnent

$$\frac{\text{I}i}{\text{D'E}} = \frac{\text{OI}}{\text{DE}}, \quad \text{d'où } \text{I}i \times \text{DE} = \text{OI} \times \text{D'E} = \text{OH} \times de.$$

On a, par conséquent,

$$\text{surface DE} = 2\pi\text{OH} \times de.$$

D'après cela, quelle que soit la position qu'occupe un côté par rapport à l'axe, la surface qu'il engendre, est toujours égale à la circonférence inscrite multipliée par sa projection sur l'axe ; donc, la surface engendrée par un certain nombre de ces côtés, sera égale à la circonférence inscrite multipliée par la somme des projections de chaque côté, ou par la projection de la ligne polygonale qu'ils forment, quand ils sont consécutifs. Par exemple, on a pour la ligne ABCDE

$$\left.\begin{aligned} \text{surf. AB} &= 2\pi\text{OH} \times \text{A}b \\ \text{surf. BC} &= 2\pi\text{OH} \times bc \\ \text{surf. CD} &= 2\pi\text{OH} \times cd \\ \text{surf. DE} &= 2\pi\text{OH} \times de \end{aligned}\right\} \quad \begin{aligned} &\text{d'où surf. ABCDE} \\ &= 2\pi\text{OH}\,(\text{A}b + bc + cd + de) \\ &= 2\pi\text{OH} \times \text{A}e. \end{aligned}$$

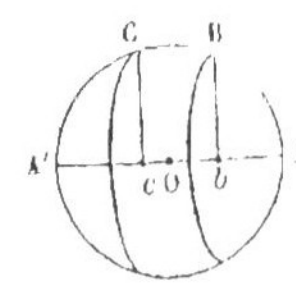

235. Zône. Pendant qu'un demi-cercle ABCA', en tournant autour de son diamètre AA', engendre une sphère, l'arc BC décrit une portion de la surface sphérique, qu'on nomme *zône*. Les circonférences décrites par les points B, C, et qui limitent la zône, en sont les bases, et la projection bc de l'arc générateur, en est la hauteur.

L'arc AB, terminé à l'axe, décrit une zône qu'on appelle plus particulièrement *calotte sphérique* ; sa hauteur Ab se nomme la *flèche*.

THÉORÈME.

236. La surface d'une zône a pour mesure le produit de sa hauteur, par la circonférence d'un grand cercle de la sphère.

En effet, l'arc générateur BC pouvant être assimilé à une ligne polygonale régulière, dont les côtés sont infiniment petits, la surface qu'il engendre a pour mesure le produit de la circonférence inscrite, qui se confond avec celle de l'arc, par sa projection bc; nommant donc r le rayon de l'arc, et h la hauteur bc, on obtient

$$\text{Surface zône} = 2\pi rh.$$

THÉORÈME.

237. La surface d'une sphère a pour mesure le produit de son diamètre, par la circonférence d'un grand cercle.

Car le demi-cercle générateur pouvant être assimilé à un demi-polygone régulier, le raisonnement précédent est toujours applicable à la surface engendrée par son contour, dont la projection sur l'axe est égale au diamètre lui-même. Si r est le rayon de la sphère, on aura

$$\text{surf. de la sphère } r = 2\pi r \times 2r = 4\pi r^2.$$

Ainsi, la surface de la sphère est encore égale à la surface de quatre grands cercles, qui ont chacun pour expression πr^2.

Corollaire. Le rapport des surfaces de deux sphères est égal au rapport des carrés de leurs rayons. Car si r et r' sont ces rayons, il vient

$$\left.\begin{array}{l}\text{surf. sphère } r = 4\pi r^2 \\ \text{surf. sphère } r' = 4\pi r'^2\end{array}\right\} \text{ d'où } \frac{\text{surf. sphère } r}{\text{surf. sphère } r'} = \frac{r^2}{r'^2}.$$

THÉORÈME.

238. Le volume engendré par un secteur polygonal régulier OABCDE, tournant autour d'un axe MM', mené dans son plan et par son centre

O, a pour mesure le produit de la surface que décrit le périmètre ABCDE du secteur, par le tiers du rayon OH du cercle inscrit.

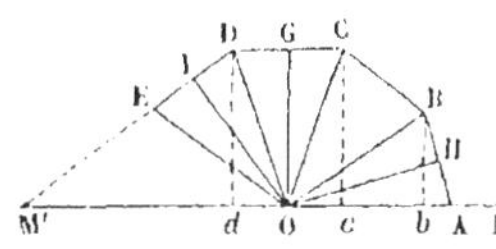

Un *secteur polygonal régulier* est évidemment une figure plane OABCDE, comprise entre une ligne polygonale régulière ABCDE et les deux rayons extrêmes OA, OE ; il est donc composé d'une suite de triangles égaux et isoscèles AOB, BOC,..., et nous allons d'abord démontrer que le volume engendré par chacun de ces triangles, dans sa rotation autour de MM', est égal à la surface que décrit son côté AB, BC,...., multipliée par le tiers de la perpendiculaire menée du point O sur ce côté. Nous avons à considérer trois cas, suivant que le côté est parallèle à l'axe, tels que CD, adjacent à l'axe, tel que AB, ou incliné sur l'axe sans lui être adjacent, tel que DE.

1° Le volume engendré par le triangle DOC est égal au volume cylindrique engendré par le rectangle DdcC, diminué des volumes coniques engendrés par les triangles DOd, COc, qui sont égaux entre eux, condition d'ailleurs indifférente pour la démonstration. Il vient successivement

$$\begin{aligned}
\text{vol. DOC} &= \text{vol. D}dc\text{C} - [\text{vol. DO}d + \text{vol. CO}c] \\
&= \pi\overline{\text{D}d}^2 \times dc - [\tfrac{1}{3}\pi\overline{\text{D}d}^2 \times \text{O}d + \tfrac{1}{3}\pi\,\overline{\text{C}c}^2 \times \text{O}c] \\
&= \pi\overline{\text{OG}}^2 \times dc - \tfrac{1}{3}\pi\overline{\text{OG}}^2\,[\text{O}d + \text{O}c] \\
&= \tfrac{2}{3}\pi\overline{\text{OG}}^2 \times dc \\
&= [2\pi\text{OG} \times dc] \times \tfrac{1}{3}\text{OG} \\
&= \text{surf. cylindrique DC} \times \tfrac{1}{3}\text{OG}.
\end{aligned}$$

2° Le volume engendré par BOA est la somme de deux cônes engendrés par les triangles OBb, BbA ; on a donc

$$\begin{aligned}
\text{vol. AOB} &= \text{vol. BO}b + \text{vol. B}b\text{A} \\
&= \tfrac{1}{3}\pi\overline{\text{B}b}^2 \times \text{O}b + \tfrac{1}{3}\pi\overline{\text{B}b}^2 \times b\text{A} \\
&= \tfrac{1}{3}\pi\overline{\text{B}b}^2 \times \text{OA} \\
&= \tfrac{1}{3}\pi\text{B}b \times [\text{B}b \times \text{OA}] \\
&= \tfrac{1}{3}\pi\text{B}b \times [2\text{ surf. du triangle OAB}] \\
&= \tfrac{1}{3}\pi\text{B}b \times [\text{AB} \times \text{OH}] \\
&= \pi\text{B}b \times \text{AB} \times \tfrac{1}{3}\text{OH} \\
&= \text{surf. conique AB} \times \tfrac{1}{3}\text{OH}.
\end{aligned}$$

La démonstration ne suppose nullement le triangle isoscèle.

3° Soit M' le point où le côté DE prolongé rencontre l'axe. Le volume engendré par DOE est la différence des volumes engendrés par les deux triangles DOM′, EOM′, qui rentrent, tous les deux, dans le cas qui précède : on obtient donc

vol. DOE = surf. coniq. M′D × $\frac{1}{3}$ OI — surf. coniq. M′E × $\frac{1}{3}$ OI
= [surf. coniq. M′D — surf. coniq. M′E] × $\frac{1}{3}$ OI
= surf. tronc de cône DE × $\frac{1}{3}$ OI.

D'après cela, si l'on veut le volume d'un secteur régulier OABCDE, on aura l'apothème OG = OH = OI, et par suite,

vol. AOB = surf. AB × $\frac{1}{3}$ OH
vol. BOC = surf. BC × $\frac{1}{3}$ OH
vol. COD = surf. CD × $\frac{1}{3}$ OH
vol. DOE = surf. DE × $\frac{1}{3}$ OH

d'où vol. OABCDE = surf. ABCDE × $\frac{1}{3}$ OH.

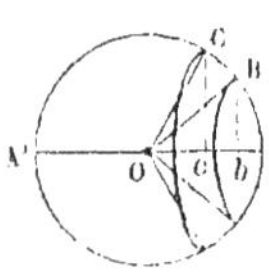

239. Secteur sphérique. Un *secteur sphérique* est le volume engendré par un secteur de cercle BOC ou BOA, qui fait une révolution complète autour d'un de ses diamètres, entièrement situé d'un même côté du secteur : la zône engendrée par l'arc BC ou par l'arc AB, est la base du secteur sphérique.

Segment sphérique. Un *segment sphérique* est le volume compris entre deux cercles parallèles et la zône limitée par ces cercles ; ainsi, la figure BC*cb*B engendre un segment sphérique, en tournant autour de AA′.

L'un des cercles peut être nul ; tel est le volume engendré par la figure B*b*A.

THÉORÊME.

240. Le volume d'un secteur sphérique est égal au produit de la zône qui lui sert de base, par le tiers du rayon de la sphère.

Cela résulte de ce que le secteur générateur, BOC par exemple, peut être considéré comme un secteur polygonal régulier dont les côtés de la base BC sont infiniment petits, et dont l'apothème se confond avec le rayon de l'arc.

Nommons r le rayon de la sphère et h la hauteur bc de la zône, on obtient

vol. sect. sphérique = zône BC × $\frac{1}{3}r$
$= 2\pi rh \times \frac{1}{3} r$
$= \frac{2}{3}\pi r^2 h.$

Corollaire. Si l'on veut le volume du segment sphérique engendré par B*bc*C, il vient

vol. B*bc*CB = vol. sect. BOC + vol. cône BO*b* — vol. cône OC*c*.

Si l'une des bases du segment est nulle, le premier cône disparaît; on a, par exemple,

$$\text{vol. A}b\text{B} = \text{vol. sect. AOB} - \text{vol. cône BO}b.$$

THÉORÈME

241. Le volume de la sphère est égal à sa surface, multipliée par le tiers de son rayon.

C'est toujours la conséquence de l'assimilation de son demi-cercle générateur, à un demi-polygone régulier dont les côtés sont infiniment petits.

Représentons par r le rayon de la sphère, on a

$$\begin{aligned}\text{vol. sphère } r &= \text{surf. sphère } r \times \tfrac{1}{3} r \\ &= 4\pi r^2 \times \tfrac{1}{3} r \\ &= \tfrac{4}{3}\pi r^3.\end{aligned}$$

Corollaire. Le rapport des volumes de deux sphères, est le même que le rapport des cubes de leurs rayons.

On a, en effet, pour les sphères dont r et r' sont les rayons,

$$\left.\begin{aligned}\text{vol. sphère } r &= \tfrac{4}{3}\pi r^3 \\ \text{vol. sphère } r' &= \tfrac{4}{3}\pi r'^3\end{aligned}\right\} \text{ d'où } \frac{\text{vol. sphère } r}{\text{vol. sphère } r'} = \frac{r^3}{r'^3}.$$

NOTE SUR L'ELLIPSE

ET

SUR L'ELLIPSOÏDE DE RÉVOLUTION.

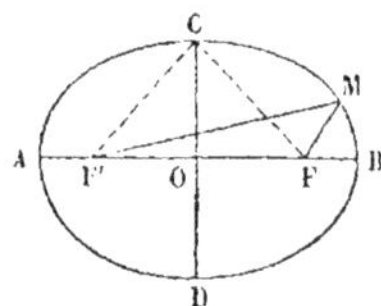

1. Ellipse. L'*ellipse* est une courbe plane telle que la somme des distances MF, MF' de chacun de ses points, à deux points fixes F, F', situés dans son plan, est une quantité constante.

Pour tracer une ellipse sur le terrain, on plante deux piquets F, F', auxquels sont fixées les extrémités d'un cordeau, privé d'élasticité dans le sens de sa longueur; puis, on fait glisser un troisième piquet M le long du cordeau que l'on tient toujours tendu. Dans ce mouvement, la pointe du piquet trace sur le terrain la demi-ellipse BCA ; on achève la courbe, en répétant la même opération de l'autre côté de FF'.

On peut employer le même procédé pour décrire une ellipse sur le papier ; il suffit de remplacer les deux premiers piquets par deux aiguilles, le cordeau par un fil inextensible, et le troisième piquet par un style ou un traçoir.

Les deux points fixes F, F' se nomment les *foyers* de l'ellipse ; les lignes FM, F'M, qui joignent les foyers à un point quelconque de l'ellipse, sont des *rayons vecteurs*.

La ligne AB, qui passe par les foyers, est le *grand axe* de l'ellipse ; le milieu O, de cet axe, est le *centre* de la courbe ; la ligne CD, perpendiculaire à AB, au point O, est le *petit axe ;* les points A, B, C, D, sont les *sommets* de l'ellipse.

2. La somme des rayons vecteurs MF, MF′, d'un point de la courbe, est égale au grand axe AB.

En effet, quand le traçoir est au point B, la somme des deux rayons vecteurs est FB + F′B, et quand il est arrivé au point A, leur somme est FA + F′A ; or, cette somme étant constante pour tous les points de l'ellipse, on a

$$FB + F'B = FA + F'A,$$

ou bien $$FB + FF' + FB = FF' + F'A + F'A,$$

de là $$2FB = 2F'A \quad \text{ou } FB = F'A.$$

La somme constante, qui est égale à FB + F′B, revient donc à F′A + F′B, c'est-à-dire à AB.

3. Si l'on joint les foyers F, F′, à l'une des extrémités C du petit axe, l'égalité des triangles COF, COF′, donne $CF = CF' = \frac{1}{2}AB$, puisque $CF + CF' = AB$.

Désignons le demi-grand axe par a, le demi-petit axe par b, la distance $OF = OF'$ par c; le triangle COF, rectangle en O, donne

$$c = \sqrt{a^2 - b^2}.$$

On appelle *excentricité*, le rapport de c au demi-grand axe a; en le désignant par e, on a la relation

$$\frac{c}{a} \quad \text{ou } e = \frac{\sqrt{a^2 - b^2}}{a}.$$

Lorsque $b = a$, l'excentricité est nulle, et la courbe est un cercle.

Remarque. Pour tracer une ellipse dont les deux axes sont donnés, on détermine d'abord les foyers de la courbe. On prend, pour cela, sur une droite indéfinie, une longueur AB égale au grand axe $2a$; puis, élevant une perpendiculaire en son milieu O, on prend sur cette ligne, de part et d'autre du point O, deux longueurs OC, OD, égales au demi-petit axe b ; enfin de l'une des extrémités C, avec un rayon égal à a, on décrit un arc de cercle qui coupe le grand axe en deux points, qui sont les foyers F, F′. On trace ensuite l'ellipse comme précédemment.

4. Ellipsoïde de révolution. L'*ellipsoïde de révolution* est un volume engendré par la révolution d'une ellipse tournant autour d'un de ses axes. Les deux extrémités de l'axe de rotation se nomment *pôles*. Dans ce mouvement, chaque point de l'ellipse *géné-*

ratrice décrit un cercle perpendiculaire à l'axe, qui est d'autant plus grand qu'il est plus éloigné des pôles : on appelle *équateur* le plus grand de ces cercles, situé à égale distance des deux pôles ; les autres cercles prennent le nom de *parallèles*. Toutes les sections faites par des plans suivant l'axe, coupent l'ellipsoïde suivant des ellipses égales à l'ellipse génératrice ; ce sont des *méridiens*.

REMARQUE. Les courbes décrites par les planètes autour du soleil, sont des ellipses, dont le soleil occupe l'un des foyers.

La forme de ces planètes, et en particulier celle de la terre, est une ellipsoïde de révolution tournant autour de son petit axe. Désignons par b le plus petit rayon, ou celui qui passe aux pôles, par a le plus grand rayon, ou celui de l'équateur ; on nomme *applatissement*, le rapport de la différence de ces rayons à celui de l'équateur, c'est-à-dire l'expression

$$\frac{a-b}{a}.$$

Pour la terre, on a trouvé

$a = 6377100$ mètres environ
$b = 6356200$
applatissement $= \frac{1}{305}$.

TABLE DES MATIÈRES.

PREMIÈRE PARTIE.

GÉOMÉTRIE PLANE.

DEUXIÈME PARTIE.

GÉOMÉTRIE DANS L'ESPACE.

OUVRAGES DES MÊMES AUTEURS

Destinés à l'instruction des Officiers de la Marine du commerce.

ÉLÉMENTS D'ARITHMÉTIQUE & D'ALGÈBRE.
ÉLÉMENTS DE GÉOMÉTRIE.
ÉLÉMENTS DE TRIGONOMÉTRIE.

TRAITÉ DE NAVIGATION, par V. CAILLET, Examinateur de la Marine.

TABLES DES LOGARITHMES & COLOGARITHMES DES NOMBRES & DES LIGNES TRIGONOMÉTRIQUES, par le même.

Vannes.— Imp. Gust. De Lamarzelle.

www.ingramcontent.com/pod-product-compliance
Ingram Content Group UK Ltd.
Pitfield, Milton Keynes, MK11 3LW, UK
UKHW020251250726
13967UKWH00004B/1619